烘焙餐桌

麵包機輕鬆做 x 天然酵母麵包 x 地中海健康料理

金采泳 著／
金昌碩 審

王品涵 譯

想要來點搭配料理嗎？

洋溢獨有色彩的水果奶油冰淇淋、
看起來金黃酥脆卻有些粗糙的麵包，
新鮮食材散發的大自然香氣，竄升陣陣熱氣的佳餚……

　　十年前的一趟旅程，讓我體驗到了歐洲飲食文化那種毫無綴飾的
樸實，一種離大自然好近、好近的健康感覺。仔細觀察才發現，歐洲
飲食文化的核心正是——天然酵母麵包。歐洲的人們有著喜歡用天然
酵母麵包蘸了熱騰騰的濃湯，或是把天然酵母麵包放進燉肉湯等獨樹
一格的飲食習慣，進而發展出各式各樣以天然酵母麵包為主、為輔的
料理。

　　而忙得不分晝夜的近代韓國社會，因美式速食文化導致罹患各種
慢性疾病的人數遽增，因此認為這時候正是最該重視飲食所擁有的療
癒力量之時的我，一回到韓國，隨即正式開始學習歐式天然酵母麵包。

　　曾因強烈的酸味而令人產生抗拒的酸麵團酵母，可以依據酸味的
強弱，區分為原味酸麵團、全麥酸麵團和黑麥酸麵團，並按照添加食
材和水的比例，將食譜調整成更容易接受的口味。本書以手工天然酵
母麵包，結合義大利小酒館（Trattoria）風味料理，讓每一口都能有
效攝取富含對人或動物生理現象產生影響之生理活性物質與營養的健
康食材。

　　這本書，是經過百般挑剔後，去蕪存菁的結晶。衷心希望喜愛在
家烘焙的各位，都能倍感受益良多。期盼大家都能藉由我灌注全心全
力製作的天然酵母麵包和義大利料理，樂活健康人生。

　　謝謝！

2016 年 7 月
料理專家 金采泳

以熱情與實力，親手製作天然酵母麵包

首先，在此恭喜金采泳老師憑藉著對烘焙的熱情，完成了這本大作。

花了將近一年的時間，擬定大綱、蒐集資料、實際進行料理……確實讓近在咫尺看著這一切發生的我，很難置身事外。過去因小事結緣的我們，完全沒想到能得到受邀撰寫推薦序的殊榮，也在此真心感謝金采泳老師。

金采泳老師是位對料理擁有與眾不同的熱情與實力的隱藏版大師。有機會透過這本書，向這樣等級的大師學習天然酵母麵包的製作方法，搭配能和麵包共同享用的各式歐洲料理，相信不只對我，一定也會對許多烘焙師，產生極大幫助。

由於以天然酵母製成的麵包，不僅能讓人體有效率地攝取食材營養，還能同時有效率地攝取搭配料理的豐富營養。因此，在歐洲與日本出版的烘焙書籍，都再三強調挑選適當搭配料理的重要性。再次向為了完成本書，遍尋各類歐式料理的書籍，辛苦精挑細選適合在地人口味料理的金采泳老師，致上最高的敬意。

最後，祈願這本書的出版成為金采泳老師的另一個起點，也成為送給置身同時代的我們的偉大貢獻。

韓國鐘閣 21 世紀
製菓烘焙咖啡學院副院長
金昌碩

一位內心溫暖的
後進大廚

閱讀這本書的過程，我看見了這位後輩的溫暖內心。因為她願意如此毫無保留地，將自己所學與大家分享。

我自己也在料理界待了超過三十年，想成為一名頂級大廚，絕非易事。為什麼？因為料理不是端上桌就結束了，料理還必須擁有捍衛健康，甚而引領潮流的能耐與影響力。正因她符合上述所言，我才願意在此向大家推薦這本由料理界後輩，傾盡自身知識與技術才完成的料理書籍。

本書詳實解釋日式酵母與歐式酸麵團酵母的差異，以及為什麼應該吃天然酵母麵包的原因等，一字一句都吸引著我的目光。此外，藉由與歐式天然酵母麵包完美搭配的義大利料理，減輕大家對酵母麵包抗拒心態的方式，在推廣天然酵母麵包的層面扮演了相當重要的角色，著實令人印象深刻。

近年來，「食品與健康」一直是大家熱議的話題。想要擁有健康，固然少不了規律運動，可是在我看來，人們必須先擁有一副身軀，才有辦法運動，因此飲食才是與健康息息相關的首要關鍵。吃什麼？怎麼吃？都是值得深思的問題。

相信有了這本書，就算沒有任何人的幫助，也能靠自己閱讀，並跟隨其中步驟，完成一道道守護家人健康的美味料理；甚至若因此啟發讀者的興趣與自信，說不定也能成為挑戰經營早午餐咖啡廳和義大利餐廳的創業契機。真心希望各位能夠多多善用這本書。

Lotte Hotel World 主廚
周在根

以滴滴汗水，
釀成的寶貴果實

在世界盃熱潮冷卻前的 2002 年 7 月，正值選擇轉換工作環境之際的我，踏進一家位在清潭洞的義大利餐廳。

那天，是我第一天上班。原本就如戰場般兵荒馬亂的廚房，卻有一個像在社區遊樂場蹦蹦跳跳的小個子年輕女孩，映入眼簾。對每件事抱持熱情，盡心盡力做到最好的她，正是金采泳。

時光荏苒，即便她現在已是頂級餐廳的負責人，相較於自在享受物質生活，她卻選擇以各種書籍和烘焙課程，填補自己的不足之處。就像一列永不止息的疾駛火車……

現在的她，除了用心鑽研天然酵母麵包，也擔任料理講師，以及咖啡廳、餐廳的顧問，過著十分忙碌的生活。我不清楚名人、名匠、匠人，究竟在字典裡是如何被定義的。但是，只要像她一樣，願意為工作不遺餘力地揮灑熱情的人，就是我心目中真正的匠人。因此，相信各位讀者只要跟著本書的步驟，一定也能完成滿載愛與熱誠的健康天然酵母麵包，以及最美味的料理。

最後，恭喜你的著作出版了，采泳。然後，謝謝你，總是挺身而出替作為料理界前輩的我，完成我做得不好的一切……

達人 Pasta 主廚
鄭真碩

Contents

Chapter 0
歐式天然酵母麵包
與料理的價值

Chapter 1

原味酸麵團麵包
與搭配料理

Chapter 4
飲品

Chapter 0

歐式天然酵母麵包
與
料理的價值

歐式天然酵母麵包與料理的價值

為什麼現在的我們會關注歐式麵包與料理呢？原因在於，歐式麵包與料理被認為屬於「發酵食品」和「慢食（slow food）」。

西方國家認為，由於科學再也無法解決現代人罹患的各種慢性病，因此轉向關注是否存在「替代療法」，而在歐洲人心目中的替代療法，正是「發酵食品」和「慢食」。

歐洲的發酵食品和慢食，經過長時間的研究，不僅功效得到驗證，甚至不帶有任何副作用。同時發酵食品和慢食，亦富含許多有益腸胃的酵素，以及增加免疫力的益菌。仔細檢視所謂的「功效」，可以從中發現許多治療癌症、過敏之類的免疫系統疾病、清除堆積在血管內膽固醇、預防心絞痛等心血管疾病，以及心肌梗塞、腦中風（腦梗塞）、血管性失智症等成功痊癒的案例。

一般攝取食物的方式，可分為物理性消化、化學性消化，以及活用微生物的消化等。發酵食品和慢食，藉由內含發酵微生物分泌的酵素、生成的代謝產物，和食物擁有的酵素，產生化學作用，成為低分子有機化合物的形態。當人體進行化學性消化時，即以此類形態促進消化，且不會提高體溫。因大腸微生物進行消化作用時所產生的發酵作用，使發酵食品和慢食於發酵時產生的豐富有機酸，賦予腸內微生物更強的能量，促進消化。透過如此單純的消化、吸收，強化腸內微生物後，再靠經強化後的腸內微生物，提高人體免疫力。

因此，藉由攝取發酵食品和慢食，可增加免疫細胞，有效克服過敏、鼻炎、氣喘等免疫系統疾病，以及慢性疲勞、癌症等因免疫力下降產生的各種疾病。此外，經由發酵作用產生的有機酸，能清除堆積在血管內的膽固醇和中性脂肪，進而預防或治療心絞痛、心肌梗塞、腦中風（腦梗塞）、血管性失智症等心血管疾病；不僅如此，還可促進吸收必需胺基酸、礦物質、維生素等各種營養，也能強健孩童體格，讓他們長得又高又壯。

以市面上普遍可見的工廠製酵母製作手工麵包，多使用高溫、快速的烘焙方法，即利用短暫的時間，使大量的乙醇和二氧化碳發酵，完成鬆軟且份量十足的麵包。而本書即將為各位介紹的歐式天然酵母麵包，則是以自家培養酵母（麵種）的方式，製作天然酵母麵包，以及適合與麵包共同享用的搭配料理。如此一來，不但能增加

有機酸的總含量，還能透過麵包提高的有機酸（乳酸和醋酸）量，促使其他食材發酵，提升人體對飲食的吸收率，強化腸內微生物。隨著越來越多消費者養成搭配麵包一起進食的歐式飲食習慣，以自家培養的酵母所製成的天然酵母麵包，勢必也會成為一股新的烘焙趨勢。

書中推薦的歐式麵包與搭配料理的特點

1. 符合一般人口味的歐式天然酵母麵包和義大利料理。
2. 製作歐式天然酵母麵包時，無論是過程累積的有機酸，或是料理中添加的優格或醋，皆能達到同樣效果。
3. 麵包發酵時，產生的乳酸和醋酸，能促使烹飪料理時使用的食材發酵，提升人體對食材養分與生理活性成分的吸收率，有益健康。
4. 以歐式天然酵母製成的麵包，能對料理產生具體效果。

書中推薦的歐式天然酵母麵包優點

1. 絕不使用任何麵包改良劑與化學添加物。
2. 能夠促進產生乳酸與醋酸等，有益健康。
3. 簡單的說明方式，讓任何人都能輕鬆製作。

天然酵母麵包理論 I

麵包的主要材料

　　除了不加鹽的義大利 Pane toscana（托斯卡納石頭麵包）和不加酵母的 Pane azziomo（希伯來人的傳統麵包）外，製作麵包時，不可缺少的必需品為麵粉、水、酵母、鹽等主要四大材料。至於糖、油、乳製品、蛋等，則是依照個人喜好或不同民族偏好的口味酌量添加的副材料。形形色色的副材料，不僅為麵團帶來更多變化，也多虧了它們，才能隨心所欲地製作出低成分的硬麵包，或高成分的軟麵包等種類多樣的麵包。

麵粉的功能

　　製作麵包用的麵粉含有碳水化合物、蛋白質、脂肪、灰分（礦物質）、維生素等成分，其中澱粉（碳水化合物）占的份量最多。當澱粉加水遇熱時，會溶脹、分裂成有助消化吸收的糊化澱粉。麥類所含的蛋白質，可分為醇溶蛋白（Gliadins）和麥穀蛋白（Glutenins），遇水或其他外力時，大多會形成新的蛋白質複合體，稱之為麩質，其功能為保有酵母產生的二氧化碳，使麵包圓潤飽滿。此外，麵粉的另一個功能是烘焙時，藉由蛋白質的熱變性和澱粉糊化，完成麵包成品的模樣與型態。

麵粉的蛋白質特徵

　　經由人為栽種、採割的眾多穀類中，我們之所以普遍認為只有「麥」才能製成麵包，是因為麵粉成分中的蛋白質名稱為醇溶蛋白（又稱麥膠蛋白）和麥穀蛋白。當屬於單純蛋白質的醇溶蛋白和麥穀蛋白加水後，碰上其他外力時，就會變成「麩質」。在發酵過程中，麩質能將酵母產生的二氧化碳鎖在麵團中，扮演促使麵團膨脹的重要角色。不過，當這些蛋白質進入人體後，並不好消化。幸好，醇溶蛋白可以溶於 70% 的乙醇，而麥穀蛋白可以溶於稀酸。因此，經過長時間的發酵作用，生成乙醇和有機酸後，斟酌麵包成品的型態，適量溶解醇溶蛋白和麥穀蛋白即可，本書會介紹上述的烘焙方法。不過，在進行發酵時有一點要特別注意，雖然醇溶蛋白和麥穀蛋白溶解越多越好消化，但麵包體積卻也會隨之變小。

對麵粉蛋白質產生影響的食材

有些食材隨著添加比例的不同，會使麥穀蛋白產生溶解，如：大蒜、乙醇、鳳梨、奇異果、檸檬、蘋果等。只要按照下述方法，將這些食材加入麵團內即可。

1. 由於大蒜的辣味來源——大蒜素（Allicin）會凝固麵粉蛋白質、溶解麥穀蛋白，所以一般不會加入麵團。但若打算將大蒜加入麵團時，可以選擇不含大蒜素的蒜粉，或者如果能接受較黏手的麵團，可以加入約占麵粉比例3％的蒜末。

2. 若打算將含有乙醇的酒類加入麵團時，可考慮加入低於麵粉比例5％的份量；當份量高於5％時，可先將其加熱煮沸，使乙醇揮發後，待溫度適宜時再加入麵團即可。

3. 鳳梨含大量會溶解蛋白質的鳳梨酵素（Bromelain），會溶解麥穀蛋白，使麵團變得黏手。因此，使用鳳梨淋醬或添加鳳梨時，多以卡士達做為緩衝材料，避免鳳梨直接接觸麵團。

4. 奇異果的酸性強，不僅內含的奇異果酵素（Actinidain）會溶解麥穀蛋白，且加熱時果肉容易破碎，因此很難於烘焙時使用。

5. 雖然檸檬、蘋果不含會溶解蛋白質的酵素，但當強烈的檸檬酸接觸麵團時，會溶解麥穀蛋白，使麵團變得黏手。蘋果可以與糖漿一起加熱使用；檸檬則可以將檸檬皮與糖一起加熱使用。

除了上述水果與蔬菜外，務必事先考量各種食材所含成分加入麵團後會產生的變化。希望大家可以透過反覆操作，熟悉各種水果與蔬菜的纖維含量會對麵包的口感產生的影響。

全麥麵粉的特徵

全麥麵粉指的是把小麥的外殼與胚芽去除後，將麥麩、胚乳研磨成粉，若以米比喻全麥即等同於「糙米」。全麥麵粉擁有豐富的礦物質、維生素、纖維質、必需胺基酸等，卻因為營養成分與生理活性成分被蛋白質和纖維質所包覆，而變得難以消化及吸收，所以必須利用有機酸和酵素，使蛋白質和纖維質產生發酵作用，才能兼顧無害健康與提升吸收率。此外，製作麵包時，若使用的全麥麵粉比例高於白麵粉越多，做出來的麵包會越難符合個人口味，份量也會變得越小。但是為了健康著想，仍希望各位能選擇全麥麵包，而非鬆軟的白麵粉製作麵包。

多樣化的黑麥麵包種類

黑麥被廣泛栽種於土地
貧瘠或氣候嚴寒的北歐或俄羅
斯,是一種散發獨有風味的穀
物,但以白色黑麥粉製作的黑
麥麵包,色香味卻都比不上
其他麵粉製成的麵包。黑麥麵
粉內含的蛋白質,即製作麵包
時必要的麥穀蛋白含量不足,
所以製作純黑麥麵包時,得

靠酸麵團(sourdough)的特殊烘焙方式完成,因此這種黑麥麵包又被稱為酸麵團黑
麥麵包(Rye Sourdough bread);將黑麥麵粉混入小麥麵粉使用,則是最為常見的方
式。在法國,會依據不同的黑麥麵粉混合比例,賦予黑麥麵包不同的命名。當小麥
麵粉較黑麥麵粉的比例高於 50% 時,稱為 Pain de seigle;低於 50% 時,稱為 Pain
au seigle。將黑麥麵粉應用於製作硬質麵包或半硬質麵包時,則會以 10~15% 的黑麥
麵粉取代小麥麵粉。

製作麵包時,黑麥麵粉的特徵

相較於小麥麵粉,黑麥麵粉含有更多擅於吸收水分
與控制血糖的聚戊糖。如果想像處理小麥麵團時,於含
較多戊聚糖的黑麥麵團加水的話,須斟酌麵團會因戊聚
糖而變得非常黏手,建議製作成比小麥麵團體積略小的
麵團為佳。若選擇以 10~15% 的黑麥麵粉取代小麥麵粉,
由於黑麥麵粉內含的大量水溶性戊聚糖,會吸收較自己
多十倍左右重量的水分,因此能製成更加鬆軟且口感綿
潤的麵包。不過,內含黑麥麵粉的 Pain au seigle 和 Pain
de seigle,會因澱粉分解酵素使麵團於烘焙時隨水分散

失,導致麵包內部不熟或變得黏稠。基於這項原因,發酵黑麥麵團時,多選擇使用
天然酵母、或經氧化的麵團、酸麵團,而非一般酵母。

酵母的功能

　　製作麵包時，酵母扮演三種角色。

1.使麵團膨脹

透過酵母的發酵（或稱呼吸），產生二氧化碳，藉此使麵團膨脹，增加麵包體積。麵團的溫度、pH（酸鹼值）、酵母食物來源的具發酵性碳水化合物份量與種類、麵團含水量等，都會影響酵母產生的二氧化碳量。

2.熟成麵團

當酵母分解具發酵性的碳水化合物後，藉由新陳代謝排出二氧化碳、乙醇、有機酸等，加上酵母內含的酵素，會對麵團產生直接、間接的影響，並生成助益消化的低分子有機化合物。

3.使麵團產生香氣

酵母使用了葡萄糖、果糖等具發酵性的簡單化合物後，所產生的乙醇和各種有機酸，會使麵包散發香氣。

製作麵包時，鹽的功能

　　添加於麵團的鹽量，會依據不同的食譜與麵粉種類有所差異，不過大約只會產生 1.5~2% 的影響。製作麵包時，並不會只因為是否添加鹽而左右成品的美味。不過，麵粉內含的豐富蛋白質，經凝固形成蛋白質複合體──麥穀蛋白，卻會因鹽分增強麥的結構、減少黏性、增加延展性等，強化麵團各種物理性特徵。

　　另外，鹽具吸收水分的特性能延長麵包的保存期限，部分抑制酵母的發酵作用，同時增強麵包外部顯色度與維持麵包內部的乳白色澤。但是，依據攪拌麵團時加入鹽的時間點，將影響麵包內部偏白色或偏褐色。如果希望麵包內部偏白色，可以在一開始就將鹽加入麵團；如果希望麵包內部偏褐色，可以在製作過程中段再將鹽加入麵團。務必謹記一點，不要讓鹽直接接觸酵母。原因在於，這麼做會使鹽對酵母細胞造成無法恢復的損傷。

製作麵包時，水的功能

　　水是製作麵團時與將麵團放入烤箱烘焙時，最基本也最重要的材料。

- ・製成麥穀蛋白，進而形成麵團
- ・糊化澱粉，增加澱粉密度
- ・溶解加入麵團的糖與鹽
- ・促進酵母反應
- ・讓酵母藉由細胞膜，吸收營養物質
- ・維持酵母與其他微生物活動能力不可或缺的要素之一

依據水的硬度（鈣與鎂的含量），區分為四種類型：

- ・軟水：低於 60ppm
- ・中軟水：61~120ppm
- ・中硬水：121~180ppm
- ・硬水：高於 181ppm

　　若使用軟水，麵團滑而黏稠；而當水的硬度越高，鈣離子與鎂離子會對麥穀蛋白產生化學反應，減少麵團彈性，使麵團變得堅硬，此時必須避免使用過量的鹽。當水含有過多的礦物質，會使麵包成品出現如著色之類的異常現象。因此，最適合用來製作麵包的種類是中硬水，海洋深層水便是中硬水，自來水則多是中軟水。不過，使用自來水也不會對麵團的製作造成太大影響。

製作麵包時，糖的功能

　　糖，為可按照個人喜好選擇加入麵團與否的副材料。不過，糖加入麵團後，具有將水分鎖在麵包內部的保水功能，而這項功能可以延緩麵包老化，增長保存期限。另外，製作麵團時，緊密凝固的蛋白質所產生具彈性與抵抗力的麥穀蛋白，會因添加糖分而妨礙其形成，使麵包內部出現鬆軟的氣孔。麵團發酵期間，則扮演酵母的食物。烘烤麵團時，會藉由焦糖化和梅納反應，形成麵包表皮色澤與香氣。

製作麵包時，油脂的功能

油脂，即脂肪。置於室溫時，油呈液態，脂呈固態。製作麵包時，選擇具可塑性物理性質的固態脂肪，如：奶油、人造奶油、酥油為佳。麵包種類也會依據個人或各民族的喜好不同，選擇使用橄欖油、沙拉油等液態油脂。製作麵包時，油脂具有下述功能：

1.使麵包散發獨有香氣。

2.包覆麥穀蛋白，增加可塑性與延展性。

3.內含胡蘿蔔素的奶油等油脂，可調配麵包的顏色與味道。

4.鎖住麵團內的水分，延緩麵包老化。

製作麵包時，蛋的功能

大部分的歐式麵包不會使用雞蛋，不過在製作各種中式麵包時卻經常使用雞蛋。蛋白富含的蛋白質，能強化麵包結構，並使麵包皮變得酥脆；蛋黃能使麵包內部變得鬆軟，並產生色澤、香氣等。由於蛋白與蛋黃各具不同功能，因此製作麵包時，務必依據成品的特性，選擇雞蛋適用的部分。

製作麵包時，乳製品的功能

乳製品能使麵包散發奶香。由於牛奶含有的乳糖，無法被酵母分解，烘焙時所產生的褐變反應，利於麵包著色。雖然製作麵包時，多使用不含脂肪的脫脂奶粉，不過依據製作不同麵包，也可選用牛奶、鮮奶油、優格、起司、煉乳等各式各樣的乳製品。

天然酵母麵包理論 II

製作麵包的順序

　　製作麵包的順序也就是製作過程,可分為實際耗費時間,以及過程經過時間。實際耗費時間是指製作麵團、麵團成形、烘烤麵團等耗費的時間;過程經過時間則是處理麵團發酵的時間。麵團的發酵過程包括一次發酵、中間發酵和二次發酵。雖然製作麵包的方法五花八門,但是完成麵團後的步驟,其實大同小異。

製作過程可分為以下三大步驟:

1.製作麵團,即攪拌麵團。

2.麵團發酵與成形。

3.烘烤麵團。

製作麵團時,需考慮的變數

　　製作麵團時,並非一定要製成我們熟知的型態(本書多以此種型態呈現)。不過,必須千辛萬苦製作麵團的原因在於,食材能在均勻混合後,使水溶性食材徹底溶解,透過麵粉內含成分進行吸收,生成麥穀蛋白吸入空氣。完成麵團的過程中,麵團的溫度、麵團的硬化、麵團的 pH 值(酸鹼值)、添加食材的種類與份量等,皆會對麵團的攪拌時間與吸收比率產生影響。

製作麵團的目的

　　任何料理,都是將所有食材均勻攪拌後,進行加熱或靜待發酵,最終成為一道道美味佳餚,麵包亦然,其中也有食材需先經料理才能使用。

而製作麵團的目的為:

1.能均勻使用所有食材製作麵包

2.讓某些食材徹底溶解於水中,促使麵粉所含的澱粉和

蛋白質產生水合作用，造就出保濕性更高、老化速度更慢的柔軟麵包。

3.將麵團混入氧氣，增進酵母活動，使蛋白質分子間產生氧化還原反應。

4.生成麥穀蛋白後，等待麵團熟成，即具備可塑性、彈性、黏性、延展性、流動性等物理性質。

揉麵團的力度可改變麵包質地

製作麵團時，隨著揉麵團的力度不同，生成麥穀蛋白後，麵團會出現各種不同的物理性質。

揉麵團的力度越弱時，麥穀蛋白會變得較柔軟，降低其保留氣體的能力，烘烤後，麵包的膨脹體積偏小；但也因為麥穀蛋白較柔軟，麵包成品的質地也會相對鬆軟。相反，揉麵團的力度越強時，麥穀蛋白會變得堅韌，提升其保留氣體的能力，烘烤後，麵包的膨脹體積偏大；同時因為麥穀蛋白較堅韌，麵包成品的質地也會相對有嚼勁。施力的強弱差異，決定了麵包內部最終呈現的質地。

製作麵團時，產生的物理性質

製作麵團時，揉麵團的力度、麵團的溫度、使用食材的種類與份量、發酵程度等等，都會影響麵團，產生不同的物理性質；而根據麵團具備的物理性質，可以決定麵包的型態、質地、口感等特徵。

以下為麵團會出現的物理性質：

· **彈性**：當烘焙師在麵團熟成階段施加外力時，會使麵團重回原本型態，又稱為麵筋抵抗力。

· **黏性**：指麵團的黏稠程度。

· **延展性**：指麵團的延展程度。

· **流動性**：指麵團是否能隨鍋具或容器模樣流動。

· **可塑性**：指麵團是否能維持熟成階段時的型態。

而在歐洲三國，製作麵包所需的麵團，也各有差異。以法國麵包為例，烘焙麵包的方式是將麵團置於烤盤，直接放進烤箱烘烤，因此麵團需要具備相當程度的彈性；而義大利麵包，則是在製作麵團時添加較多水分，使麵團稀軟，呈現其延展性；至於德國麵包，由於使用較多黑麥，因此攪拌時間需短於法國麵包，讓黑麥麵團產生黏稠的特性，增加延展性。

製作麵團的熟成階段

所謂「製作麵團」，是指藉由手或機器均勻攪拌麵粉與各式材料後，讓麵團產生適當物理性質的過程。

製作麵團的過程，可分為以下四階段：

第一階段：混合食材

使液體材料和粉狀材料、水和油、溶解度相異的水溶性材料等擁有不同性質的材料，均勻分散再混合。

第二階段：粉狀材料的水合作用

使麵粉充分吸收溶解過水溶性材料的水分後，再與其他材料結合。

第三階段：生成麥穀蛋白

持續對吸飽水分的麵團施以外力，使麵團逐漸生成麥穀蛋白。

第四階段：完成麵團

持續對麵團施以外力，直至麵團產生需要的物理性質即可。

麵團產生物理性質的順序：黏性→彈性→延展性→流動性，至於可塑性則在熟成階段進行發酵作用時產生。

影響麵團吸收率的要素

製作麵團時，有幾項因素會影響麵團成形。舉例來說，麵粉的種類、研磨程度、所含蛋白質的量與質、含水量、所含的各種成分比例，以及糖、雞蛋、奶粉、油脂等副材料的份量，住家或工作室的溫度、濕度，鹽的份量與加入麵團的時間點，水的種類等各式各樣的因素，皆會對麵團的吸收率造成影響。

影響麵團製成時間的要素

即使五花八門的麵包種類都始於同樣的麵團，卻有幾項原因使得每次所需時間

都不同。舉例來說，對麵團的施力不同、鹽的份量與加入麵團的時間點、糖的份量、奶粉與牛奶的份量、油脂的份量與加入麵團的時間點、水量、麵團溫度與 pH 值、麵粉所含蛋白質的量與質、發酵程度等各式各樣的因素，皆會影響麵團製成時間。

麵團溫度對麵包造成的影響

隨著各階段設定的麵團溫度不同，麵團會於製作過程出現以下差異：

1.因麵團麥穀蛋白而產生不同的物理性質。

2.因酵母的活動能力，使發酵速度不同。

3.因麵粉所含成分吸收水分的程度，影響麵團成形。

基於諸如此類的因素，請盡量遵從本書要求的麵團溫度。

控制麵團溫度的方法

控制麵團溫度，大多會使用美式或法式的溫度控制法，本書將介紹法式溫度控制法。利用水調解麵團溫度，是最有效控制麵團溫度的方法。製作麵團時，水所占的份量僅次於麵粉；炎夏使用冰水，寒冬使用熱水，就能輕輕鬆鬆調節溫度。

水溫的計算方式：麵粉溫度＋室內溫度＋水溫＝ 64℃

舉例來說，當麵粉溫度 28℃，室內溫度 29℃ 時，該使用幾度的水？

套入上列公式計算，64-(28+29)=7℃

只要在自來水中加入冰塊，讓溫度降至 7℃，即為麵團所需水溫。

加水的時間點

即使按照同樣的麵團食譜，使用同質、同量的材料，也不可能做出一模一樣的麵團。以食譜標示的水量為例，製作麵團時，需先扣除部分水量，於過程中依據麵團成形情況不同，加水進行調整。

以下為加水的時間點，多以製作麵團前期為主：

1.材料完成混合前。

2.麥穀蛋白形成前。

3.麵團完成水分吸收前。

最重要的是，盡快在麵團成形前決定是否要加水，使麵粉所含的蛋白質能充分吸收水分，形成麥穀蛋白。

添加油脂的時間點

於以下麵團相對容易乳化（emulsification，將彼此不相溶的液體進行攪拌，使其呈均勻分布的狀態）與滲透（osmosis，當水溶液中分子量較大的溶質溶解時，水分子能輕易通過半透膜，而其他較大的溶質粒子卻無法通過的現象）的時間點，加入油脂為佳：

1. 均勻攪拌粉狀材料與液體材料，且麵粉所含蛋白質充分溶解水溶性材料，待麵團完成水分吸收後。
2. 麵粉所含蛋白質凝固，開始形成麥穀蛋白時。

發酵作業的事前準備

發酵與腐爛，其實是同一種現象。不過，最終若產生對人體有益的結果稱為「發酵」，若產生有害的結果則稱為「腐爛」。發酵與腐爛皆為生物化學用語，是指有機物被酵母菌之類的微生物，其內含酵素所分解或產生化學作用後，藉由新陳代謝生成乙醇和有機酸類的過程。經由存在溶液中的酵母、細菌、黴菌等微生物作用，分解如大部分糖類所屬的高分子有機化合物，或透過氧化還原作用，進而以新陳代謝的方式生成乙醇或有機酸，偶爾會伴隨發熱或產生其他氣體的現象。依據主要分解

產物的種類，可分為酒精發酵、醋酸發酵、乳酸發酵、酪酸發酵等。另外，發酵作用也可分為厭氧性與好氧性。厭氧性的發酵作用，指在不存在游離氧的環境產生反應，酒精發酵、乳酸發酵、酪酸發酵皆屬此類；好氧性的發酵作用，則指在存在游離氧的環境產生反應，醋酸發酵、檸檬酸發酵皆屬此類。自古以來，諸如此類的發酵作用即廣泛應用於製作麵包、酒類、醬油、韓式豆醬等。

適用於麵包的發酵方式

以下為三種適用於麵包的發酵方式：

1. 於有氧環境，利用酵母分解糖，生成二氧化碳的一連串過程。
2. 於無氧環境，利用酵母分解糖，生成二氧化碳、乙醇、有機酸的一連串過程。
3. 利用酵母分解糖，再以生成的新陳代謝物與麵團產生作用，進而進行分解的一連串過程。

可以按照不同的麵包類型，在上述三種中選擇一至兩種較適切的發酵方式。發酵方式 1 可製成冷凍麵團，發酵方式 2 可製成高溫短時間麵團，混用發酵方式 2 和 3 可製成低溫長時間麵團。

麵團發酵的目的

麵團發酵有四個重要目的，分別為：

1. 生成二氧化碳，使麵團膨脹。

2. 促進麵團氧化，提升保有氣體的能力。

3. 透過酵素作用、麵團膨脹，促使麵團產生物理變化、新陳代謝。

4. 透過發酵作用產生的胺基酸、有機酸、酯等，使麵包產生獨特的口味與香氣。

歐式麵包的質地差異與發酵麵團的方法

從歐洲幾個民族的口味不同，不難發現義大利、法國、德國等三國麵包的質地呈現出顯而易見的差異。舉例來說，義大利麵包擁有易黏附於牙齒的嚼勁；法國麵包的外皮堅硬，而麵包內部具韌性；德國麵包的麵包內部綿密，外皮酥脆酥脆且份量十足。其中，巧巴達拖鞋麵包正是按照民族口味不同所製成的麵包之一，過程中會添加較多水分製成稀軟的麵團，營造富嚼勁、易黏牙的獨特口感。

而低溫發酵，是許多歐式麵包的製作方式。低溫發酵（7~15℃）能促使乳酸菌變得活躍，產生更多有機酸；冷藏發酵（5℃）則能加速酵素分解麵團，並利於消化、吸收。此外，將製作麵包時剩餘的麵團置於 1~2℃ 的定溫冷藏環境，可以延長保存期限一星期。

滾圓的原因

一般而言，切割後的麵團會立刻進行滾圓，不過也有可能因麵團或麵包的種類不同，改變滾圓的力道或形狀。將麵團滾圓定型的目的在於改善麵團型態，促進表面的麥穀蛋白產生反應，加強延展性。利用雙手迅速完成型態相同的麵團，為此步驟的重要關鍵。

將麵團滾成圓形的原因在於，進行成形時，圓形能輕易變化成各式模樣。此外，若打算製作長條狀的法式麵包時，將麵團輕輕折成橢圓形，也是為了讓麵團能朝同方向延展。

進行中間發酵的原因

　　所謂中間發酵，是於完成麵團滾圓後，鬆弛麵團，恢復其可塑性，又稱「醒麵」。伴隨完成分割、滾圓而來的，是麥穀蛋白產生的彈性、抵抗力、高復原力，而變得難以改變麵團形狀。

　　因此，讓麵團稍作休息，使麥穀蛋白從緊繃（tension）狀態暫時放鬆（relaxation）一下，恢復其可塑性。中間發酵結束後，麵團會稍微脹大，因此可以藉由麵團膨脹與否，得知發酵過程是否完成。

各種使麵團定形的方法

　　定形是指完成中間發酵後，斟酌麵包的特色或口感，製成各種不同的模樣和型態；主要可細分為將麵團置於烘焙烤盤的入模麵包、以模具定形的薄片麵包以及直接置於烤箱烤盤的哈斯麵包。

　　這裡提及的哈斯麵包，是將完成定形的麵團置於帆布（canvas）或籐籃（banneton）等發酵器具上，待第二次發酵結束，再將麵團置於鐵氟龍布上，直接放進烤箱烘烤。

完成第二次發酵的時間點

　　第二次發酵，是最後一次對完成定形的麵團進行發酵。烘烤前，再次確認麵團已經發酵至適當狀態，是本步驟最重要的關鍵。不完全的二次發酵，會使麵團不易膨脹，麵包體積會小於正常值；過度的二次發酵，則是麵包質地乾癟、粗糙。由於發酵過頭的麵團，伸展性會因超過正常值而喪失保留氣體的能力，最終因麵團流失氣體，造成麵包萎縮。

使用烤箱烘烤麵包的方法

　　烤箱的使用方法，按照不同的製品特性、麵團調配比例、麵團份量、定型方法、麵包的氣孔型態、質地等，而有所差異。

1. 進行作業一小時前，先將鋁製或鐵製烤盤放進烤箱預熱，接著將麵團均勻平舖在鐵氟龍布，放上烤盤。

2. 進行作業一小時前，先將鑄鐵平底鍋或石鍋放進烤箱預熱，接著將麵團倒進鍋內約15~20分鐘後，打開鍋蓋即可進行烘烤。

　　不過，究竟哪種方法比較好？各家皆有自己的主張，實在沒辦法隨意下定論。本書以作者實際經驗累積的數值為基準，提供讀者參照烤箱建議溫度。

烤箱溫度與濕度的重要性

　　適當的烤箱溫度，與烘焙預計所需時間有著密不可分的關係。舉例來說，麵團放進烤箱後，會在預計所需時間的 25~30% 開始膨脹；接著會在預計所需時間的 35~40% 出現著色現象，並維持固定的麵團型態；進入預計所需時間的最後 30~40% 時，即出現麵包皮與褐變反應。按照上述數據調節烤箱溫度與預計所需時間即可。相對地，發酵過度的老麵團宜以高溫烘烤，發酵時間較短的麵團則宜以低溫烘烤。

　　烘烤過程中，烤箱內維持固定的溫度和濕度相當重要。當烤箱內維持固定的溫度和濕度時，烘焙過程會出現以下的成功結果：

1. 空氣充分對流。

2. 有效地將熱能傳向麵團。

3. 水蒸氣凝結於麵團表面，逐漸形成麵包皮。

4. 當凝聚於麵團表面的水分汽化時，會帶走麵團的汽化熱，使麵團溫度上升，有利於慢慢形成麵包皮，並產生膨脹。

5. 使麵團表面一致，麵包皮質地滑順。

6. 藉由澱粉糊化，使麵包產生光澤與褐變反應。

麵包出現裂痕的原因

　　一般而言，使用大量商業酵母製成的麵包，兩側會出現許多大型裂痕。而使用天然酵母製成的麵包就算在烤箱內突然遇熱膨脹，也不會在成品見到裂痕，就算有，也只是相當輕微的裂痕。

烤麵包時，噴灑蒸氣的目的

　　通常烘烤副材料越少的原味麵包時，會使用烤箱內都會噴灑水蒸氣的功能，最大的原因是為了延緩麵包皮生成，使麵團膨脹得更大。烤箱是否具備噴灑水蒸氣的功能、水量等因素，皆會影響麵包型態、表皮光澤、表皮厚度、表皮酥脆度、質地等。因此，希望大家能透過經驗累積，了解水蒸氣與麵包成品的關

聯性。若烤箱具備噴灑水蒸氣的功能固然最好，萬一不具此項功能時，不妨讓小石塊和鐵烤盤一起預熱後，再將熱水倒在小石塊上的方式，手動製造蒸氣。

麵包成形

吐司麵包成形步驟

1

將麵團切割，滾圓，進行中間發酵。

2

先以手掌輕輕在麵團上壓出氣泡，再利用擀麵棍來回將麵團擀成長條狀。

3

將長條狀麵團轉為橫向，劃分三等分，將三分之一向右折疊。

4

將三分之一向左折疊。

5

由上向下捲。

6

封口整理麵團形狀。

7

置入可容納三個麵團的
烤模。

8

將麵團稍微壓平。

9

完成麵包成形。

法國長棍麵包成形步驟

1

完成麵包初步成形步驟，經中間發酵後，以手掌輕輕壓出氣泡，再利用擀麵棍來回將麵團擀成長條狀。

2

將長條狀麵團轉為橫向後，捲起。

3

以手掌將兩端各自壓合。

4

封口整理麵團形狀。

5

由中央向兩側壓平。

6

由中央向兩側施力，揉成法國長棍麵包的兩尖端。

橄欖球麵包成形步驟

1

麵團經中間發酵後，以手掌輕輕壓出氣泡，再利用擀麵棍來回將麵團擀成長條狀。

2

將麵團上端左右兩側向內折成三角形。

3

由上向下捲起。

4

將三分之一向左折疊。

5

雙手將麵團整平。

6

完成麵包成形。

歐式天然發酵微生物

　　天然發酵微生物是指不添加任何含基因改造、抗生素、生長激素，單純於家中自行培養、發酵的微生物，如：酵母菌、乳酸菌、醋酸菌等。普遍採用來自歐洲與日本的天然酵母微生物培養法，取具備乳酸菌優點、歐洲大多使用的天然發酵微生物——酸麵團，與具備的酵母菌優點、日本大多使用的天然發酵微生物——液種與原種，進行培養。

日式天然發酵微生物自家培養法的特徵

　　以日式天然發酵微生物的自家培養法，大多挑選適合的水果進行培養，優於培養出製作麵包時相當好用的酵母菌。酵母菌可取自高糖分、具酸味的蘋果、葡萄等水果表皮；待糖分發酵後，這些水果即擁有生成乙醇與二氧化碳的能力。以優於培養酵母菌的麵

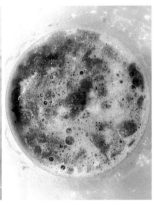

種製作麵包時，可以製成鬆軟、輕盈，且不散發酸氣的麵包，也正是日式天然發酵微生物自家培養法具備的特徵。

　　不過，除了蘋果或葡萄乾外，近來也有許多熱衷手工烘焙的人，會使用無花果、香蕉、柿子、梅子、藍莓、樹莓、蔓越莓、西瓜、橘子、甜瓜、香草製成的液種，以及製成黑麥、米、小麥、大麥、全麥製成的酸麵種、米酒種、啤酒種、酒麴等萃取自各種天然食材的天然發酵微生物，自行培養需要的麵種。天然發酵微生物，不只存在於水果、香草、穀類，同樣存在於你我平常食用的大部分食材之中。除了選用全麥、黑麥、白麥麵粉外，將培養自其他多樣食材的天然發酵微生物，加入天然酵母麵包的方式，其實並非歐洲傳統的自家酵母培養法，而是源自日本的培養方法。因此，作者在本書將選擇為大家介紹歐式的天然發酵微生物自家培養法。

歐式天然發酵微生物自家培養法的優點

　　歐式天然發酵微生物的自家培養法，是能從全麥、黑麥、白麥麵粉中，增強培養出最多乳酸菌個體數的方法。由於乳酸菌的名稱，這類散發酸氣的麵種經常被稱為「酸麵團（sourdough）」。以酸麵團製成的麵包，也會散發出自然的酸氣。這股來自乳酸與醋酸的酸氣，於烘焙時能使麵包的穀類發酵，扮演促進人體有效吸收穀

類營養與生理活性成分的重要角色。此外，乳酸與醋酸也會分解與麵包一起食用的搭配料理食材，同樣能有效促進人體消化、吸收。

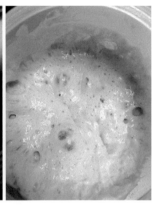

因此，在美國與歐洲地區，挑選什麼樣的料理與利用全麥、黑麥、白麥酸麵團製成的天然酵母麵包一起食用，是件馬虎不得的要事。選擇萃取自不同種穀類所培養的天然發酵微生物，所含的不同成分比例製成多樣化酸氣。

以下為利用不同穀類所製成的酸麵團特徵：

1. 小麥酸麵團的特徵：擁有最清淡的酸氣，適合用於製作鬆軟的白麵包，搭配以蔬菜烹調而成的料理，利於人體消化海鮮類食材。

2. 全麥酸麵團的特徵：擁有稍微濃郁的酸氣，適合用於製作全麥、果乾、堅果類麵包，搭配以海鮮烹調而成的料理，利於人體消化海鮮類食材。

3. 黑麥酸麵團的特徵：擁有強烈的酸氣，適合用於製作黑麥、雜糧麵包，搭配以肉類烹調而成的料理，利於人體消化肉類食材。

製作酵母

原味酸麵團 (White Sourdough)

1.準備材料：麵粉100公克、水100公克、麥芽精3公克。

 Tips 也可以改用 2 公克的蜂蜜或將麥芽糖放進攪拌機攪拌後，將份量濾至 3 公克，
取代麥芽精。

2.培養溫度：27℃

3.製作第一次原種：

①備妥麵粉 100 公克、水 100 公克、麥芽精 3 公克。

②將麵粉、水、麥芽精放入事先準備好的攪拌盆，以塑膠攪拌勺攪拌。

③置於室溫培養24小時。

 Tips 製作酸麵團前，先將攪拌盆、玻璃瓶、塑膠攪拌勺置入冷水中，接著把水煮沸，
於沸水中進行消毒至少 10 分鐘。

4.製作第二次原種：

①除製作第一次原種的材料外，再準備麵粉100公克、水100公克、麥芽精3公克。

②將水和麥芽精加入第一次原種。

③將麵粉加入後，以塑膠攪拌勺攪拌。

④將第二次原種置於室溫培養24小時。

 Tips 也可以改用 2 公克的蜂蜜或將麥芽糖放進攪拌機攪拌後，將份量濾至 3 公克，
取代麥芽精。

5.製作第三次原種：

①除製作第二次原種的材料外，再準備麵粉100公克、水100公克。

②將水倒入第二次原種。

③將麵粉加入後，以塑膠攪拌勺攪拌。

④將第三次原種置於室溫培養12小時。

Tips 自製作第三次原種起，即可清楚看見酵母的活性。

6.製作第四次原種：

①除製作第三次原種的材料外，再準備麵粉100公克、水100公克。

②將水倒入第三次原種。

③將麵粉加入後，以塑膠攪拌勺攪拌均勻。

④將第四次原種置於室溫培養6小時。

Tips 相較於一般麵粉，使用有機麵粉製成的麵團較稀，但含有較高營養的優點。

7.製作第五次原種：

①除製作第四次原種的材料外，再準備麵粉100公克、水100公克。

②將水倒入第四次原種。

③將麵粉加入後，以塑膠攪拌勺攪拌。

④將第五次原種置於室溫培養3小時。

Tips 實際用手翻攪酸麵團感覺其活性，會比用眼睛觀察來得明顯。

8.保存與使用期限：完成的第五次原種，可於3~4℃的冰箱保存三天。

9.翻新原種的方法：按照需要的新原種份量，調整比例（舊原種100：麵粉100：水100），夏天時於室溫放置1小時，冬天時於室溫放置2~3小時後，放入冰箱保存。

全麥酸麵團 (Whole Wheat Sourdough)

1.準備材料： 全麥麵粉100公克、水100公克、麥芽精3公克。

Tips 也可以改用 2 公克的蜂蜜或將麥芽糖放進攪拌機攪拌後，將份量濾至 3 公克，
取代麥芽精。

2.培養溫度： 27℃

3.製作第一次原種：

①備妥全麥麵粉100公克、水100公克、麥芽精3公克。

②將麵粉、水、麥芽精放入事先準備好的攪拌盆，以塑膠攪拌勺攪拌。

③置於室溫培養24小時。

Tips 依照作業環境的溫度、季節、天氣，產生的結果可能有所差異。

4.製作第二次原種：

①除製作第一次原種的材料外，再準備麵粉100公克、水100公克、麥芽精3公克。

②將水和麥芽精加入第一次原種。

③將麵粉加入後，以塑膠攪拌勺攪拌。

④將第二次原種置於室溫培養24小時。

5.製作第三次原種：

①除製作第二次原種的材料外，再準備全麥麵粉100公克、水100公克。

②將水倒入第二次原種。

③將全麥麵粉加入後，以塑膠攪拌勺攪拌。

④將第三次原種置於室溫培養12小時。

6.製作第四次原種：

①除製作第三次原種的材料外，再準備全麥麵粉100公克、水100公克。

②將水倒入第三次原種。

③將全麥麵粉加入後，以塑膠攪拌勺攪拌均勻。

④將第四次原種置於室溫培養6小時。

7.製作第五次原種：

①除製作第四次原種的材料外，再準備全麥麵粉100公克、水100公克。

②將水倒入第四次原種。

③將全麥麵粉加入後，以塑膠攪拌勺攪拌。

④將第五次原種置於室溫培養3小時。

8.保存與使用期限：完成的第五次原種，可於3~4℃的冰箱保存三天。

9.翻新原種的方法：按照需要的新原種份量，調整比例（舊原種100：全麥麵粉 100：水100），夏天時於室溫放置1小時，冬天時於室溫放置2~3小時後，放入 冰箱保存。

黑麥酸麵團 (Rye Sourdough)

1.準備材料： 全麥麵粉100公克、水100公克、麥芽精3公克。

Tips 也可以改用 2 公克的蜂蜜或將麥芽糖放進攪拌機攪拌後，將份量濾至 3 公克，取代麥芽精。

2.培養溫度： 27℃

3.製作第一次原種：

①備妥黑麥麵粉100公克、水100公克、麥芽精3公克。

②將黑麥麵粉、水、麥芽精放入事先準備好的攪拌盆，以塑膠攪拌勺攪拌。

③置於室溫培養24小時。

4.製作第二次原種：

①除製作第一次原種的材料外，再準備黑麥麵粉100公克、水100公克、麥芽精3公克。

②將水和麥芽精加入第一次原種。

③將麵粉加入後，以塑膠攪拌勺攪拌。

④將第二次原種置於室溫培養24小時。

5.製作第三次原種:

①除製作第二次原種的材料外,再準備全麥麵粉100公克、水100公克。

②將水倒入第二次原種。

③將全麥麵粉加入後,以塑膠攪拌勺攪拌。

④將第三次原種置於室溫培養12小時。

Tips 自製作第三次原種起,表面會開始出現坑洞,展現其活性。

6.製作第四次原種:

①除製作第三次原種的材料外,再準備黑麥麵粉100公克、水100公克。

②將水倒入第三次原種。

③將黑麥麵粉加入後,以塑膠攪拌勺攪拌均勻。

④將第四次原種置於室溫培養6小時。

7.製作第五次原種:

①除製作第四次原種的材料外,再準備黑麥麵粉100公克、水100公克。

②將水倒入第四次原種。

③將黑麥麵粉加入後,以塑膠攪拌勺攪拌。

④將第五次原種置於室溫培養3小時。

8.保存與使用期限:完成的第五次原種,可於3~4℃的冰箱保存三天。

9.翻新原種的方法:按照需要的新原種份量,調整比例(舊原種100:黑麥麵粉100:水100),夏天時於室溫放置1小時,冬天時於室溫放置2~3小時後,放入冰箱保存。

Chapter 1

原味酸麵團麵包
與
搭配料理

原味酸麵團
吐司麵包

White Sourdough Tin Bread

以萃取天然酵母微生物（酵母菌）培養而成的酸麵種，加上糖、奶粉、雞蛋、橄欖油等副材料，製成散發淡淡酸氣且口感滑順的麵包。

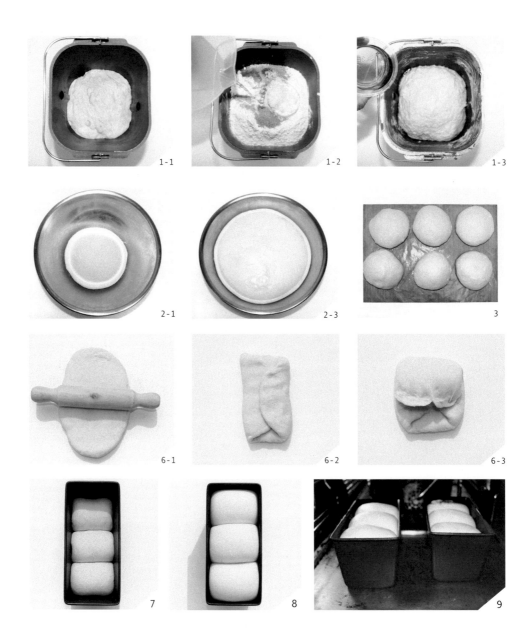

Recipe

7 小時

2 個

此為最低所需時間，依據環境條件與溫度差異，有可能得耗費更長時間。

事前準備

原味酸麵團 500 公克
高筋麵粉 500 公克
鹽 10 公克
糖 45 公克
奶粉 30 公克
橄欖油 30 公克
雞蛋 30 公克
麥芽精 3 公克
水 195 公克

一起做吧

1. **揉麵團**：27℃（最後階段）
   1-1. 將原味酸麵團放入攪拌盆內。
   1-2. 先將高筋麵粉、鹽、糖、奶粉等粉狀材料也放入攪拌盆後，再放入雞蛋、麥芽精、水。
   1-3. 接下來將橄欖油倒入攪拌盆，以低速6分鐘，中速4分鐘進行攪拌。
   1-4. 完成麵團後，進行第一次發酵。
2. **第一次發酵**：可採用高溫發酵或冷藏低溫發酵。
   2-1. 高溫發酵：27℃，3小時。
   2-2. 冷藏低溫發酵：5℃，12小時→回復室溫：27℃，2小時。

   Tips 可依照烘焙的環境選擇適用的發酵方式。發酵過程隨著烘焙場所的溫度、麵團份量、冰箱效能等條件而有所差異。為使冷藏低溫發酵的麵團回溫，需於作業前 2 小時取出。

   2-3. 完成第一次發酵：當麵團體積發至2倍大時即可。
3. **切割**：200公克一個，可切成6個。
4. **滾圓**。
5. **中間發酵**：約20分鐘。
6. **成形**：做成山峰形。
   6-1. 先將麵團向上擀成長條狀。
   6-2. 轉為橫向，將兩側向中央折。
   6-3. 由上向下捲後，封口整理麵團形狀。
7. **入模**：一個烤模三塊麵團，共二盤。
8. **第二次發酵**：35~38℃，濕度85%，2小時。
9. **烘焙**：將烤箱設定在180℃，烘烤約30分鐘後即可完成。

起司鍋

Cheese Fondue

拿起烤肉串、水果串,蘸一蘸加入四種起司與白酒的滾燙起司鍋,這是瑞士經典餐點。使用原味酸麵團製成的吐司裁切成塊,蘸一口融化的起司,搭配白酒享用,富含有機酸的吐司麵包能有效提升人體對硬蛋白的吸收率,濃濃的奶香從口中散開來,讓人印象深刻。

15 分鐘　2 人份

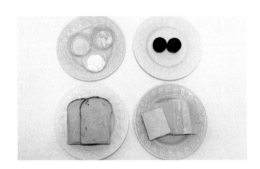

事前準備

白酒 100 公克
蒜 3 顆
玉米粉 20g
吐司 2 片
愛摩塔 (Emmental)
起司 200 公克
格律耶爾 (Gruyère)
起司 100 公克
豪達 (Gouda) 起司 20 公克
切達 (Cheddar) 起司 2 片
牛奶 100 公克
小蘋果 4 顆

一起做吧

1. 將愛摩塔起司和格律耶爾起司以起司刨絲器刨絲。
2. 用手將豪達起司和切達起司撕碎。
3. 將吐司切成方塊狀後,與蘋果串成一串串備用。
4. 將玉米粉和水放入容器內,均勻攪拌。
5. 取蒜塗抹起司鍋具,使鍋具沾附其香氣後,倒入白酒。
6. 將步驟4的澱粉與牛奶倒入鍋內。
7. 將四種起司放入鍋內,加熱待其融化後,再以蘋果吐司串蘸取享用。

Tips 當起司鍋開始變稠時,可以倒入白酒調整濃度,或刻意用力壓擠起司,形成起司鍋巴,別具風味。

托斯卡尼
麵包丁沙拉

Panzanella

洋溢義大利鄉村風的健康料理——托斯卡尼麵包丁沙拉，除了新鮮爽口的蔬菜、香草，還有自家烘焙的麵包，最後只要灑上義大利香醋，便能開懷享用！不僅能消除體內的有害菌、分解纖維，還能促進吸收多樣礦物質，甚至有助於提升人體對鉀的攝取。

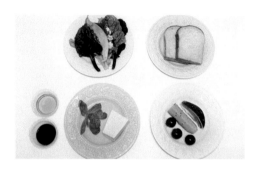

事前準備

小黃瓜 50 公克
紅洋蔥 10 公克
美生菜 40 公克
各式蔬菜 30 公克
帕馬森 (Parmesan)
起司 5 公克
吐司 1 片
聖女番茄 4 顆
義大利香醋 1 大匙
橄欖油 2 大匙
鹽、胡椒 適量

一起做吧

1. 將美生菜與各式蔬菜清洗後,擦乾備用。
2. 吐司裁邊後,切成方塊。
3. 將吐司方塊烤成酥黃,製成麵包丁。
4. 將紅洋蔥切絲後,浸泡冰水。

Tips 浸泡冰水,能有效去除紅洋蔥的辣味。

5. 小黃瓜去籽後,切成適合入口的大小。
6. 聖女番茄切半。
7. 將義大利香醋均勻灑在各式蔬菜上。

Tips 由於沙拉醬會使蔬菜軟化,請於食用前再加入醬汁。

8. 倒入橄欖油。
9. 加入小黃瓜、聖女番茄、洋蔥、麵包丁,再以鹽、胡椒、帕馬森起司調味後即可享用。

凱撒沙拉

Caesar Salad

命名源自羅馬大帝尤利烏斯·凱撒的凱撒沙拉，以烘烤成金黃酥脆的麵包丁、松子、鯷魚，搭配蘿美生菜，最後撒上帕馬森起司即宣告大功告成。以原味酸麵團製成的麵包丁，佐以鯷魚和帕馬森起司，呈現出簡樸卻令人齒頰留香的和諧滋味。

凱撒沙拉醬

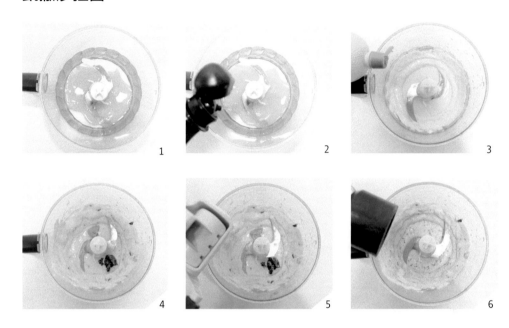

凱撒沙拉

Recipe

 15 分鐘　1 人份

凱撒沙拉醬

事前準備

顆粒芥末醬 2 大匙
第戎芥末醬 1 大匙
檸檬（汁）1 顆
鯷魚 15 公克
蒜 3 顆
蛋黃 3 顆
橄欖油 300 公克
帕馬森起司 5 公克
鹽、胡椒 適量

一起做吧

1. 打顆蛋，去掉蛋白後，將蛋黃放入攪拌機。
2. 緩緩倒入少量橄欖油。
Tips 過快或過量倒入橄欖油，會產生油水分離的現象；
萬一產生油水分離的現象時，只要將油脂倒出後，
改以手持攪拌器重新拌勻即可。
3. 倒入檸檬汁，使醬汁固化。
4. 加入鯷魚、蒜、顆粒芥末醬、第戎芥末醬。
5. 加入帕馬森起司。
6. 加入適量鹽、胡椒調味後即完成。

凱撒沙拉

事前準備

蘿美生菜 110 公克
凱撒沙拉醬 30 公克
吐司 2 片
鵪鶉蛋 3 顆
松子 15 顆
鯷魚 2 隻

一起做吧

1. 清洗蘿美生菜後，擦乾備用。
2. 吐司裁邊，切成方塊烘烤，製成麵包丁。
3. 將松子放入平底鍋內，於無油狀態進行翻炒，接著以
廚房紙巾吸乾油脂。
4. 利用均勻布滿鍋底的剩餘松子油脂煎鵪鶉蛋。
5. 最後將凱撒沙拉醬淋滿蘿美生菜上，再放上鯷魚。

提拉米蘇

Tiramisu

原意為「帶我走！」的提拉米蘇蛋糕，以手指餅乾結合口感滑順的馬斯卡彭 (Mascarpone) 起司，搭配略為苦澀的可可粉，漫溢著既香甜又溫柔的咖啡香，絕對是其足以振奮人心的獨有特徵。選用原味酸麵團製成的吐司取代手指餅乾，不僅增添嚼勁，也賦予蛋糕與眾不同的口感。少糖，搭配適量的馬斯卡彭起司、奶油，有效促進人體對雞蛋的吸收。

提拉米蘇用 Espresso

1

2

提拉米蘇

1

2

3

4

4

5

6

7

8

9

10

11

1 小時
30 分鐘
1 人份

提拉米蘇用 Espresso

事前準備
即溶咖啡粉 7 公克
卡魯哇 (KAHLUA) 咖啡
香甜酒 30 公克
熱水 200 公克
糖 60 公克

一起做吧
1. 以熱水溶解即溶咖啡粉和糖。
2. 即溶咖啡粉和糖溶解完成，靜待冷卻後，加入卡魯哇咖啡香甜酒。

Tips 卡魯哇咖啡香甜酒是一種擁有濃郁咖啡香的調酒，遇熱會使香氣消失，務必特別注意加入時間。

提拉米蘇

事前準備
馬斯卡彭起司 250 公克
蛋黃 4 顆
鮮奶油 250 公克
糖 A 25 公克
糖 B 36 公克
吐司 2 片
糖霜 適量
可可粉 適量

一起做吧
1. 將馬斯卡彭起司放入攪拌盆內，以塑膠攪拌勺輕輕拌勻。
2. 備妥攪拌器。
3. 分三次將糖A加入蛋黃內，並以攪拌器打發。
4. 分三次將糖B加入鮮奶油，並以攪拌器打發70~80%。
5. 分三次將打發的蛋黃加入拌勻的馬斯卡彭起司內。
6. 分三次將打發的鮮奶油加入拌勻的馬斯卡彭起司內。
7. 吐司切邊後，切成適當形狀，備妥提拉米蘇用Espresso。
8. 將吐司放入提拉米蘇的容器，塗抹適量Espresso。
9. 利用拋棄式擠花袋，將步驟6擠入容器。
10. 放入冰箱，待其凝固後，撒上裝飾用糖霜。
11. 撒上可可粉後，即可享用。

Tips 使用裝飾用糖霜，才不會吸走提拉米蘇的水分。將提拉米蘇與容器一起存放；食用前再撒上糖霜與可可粉。

舊金山
酸麵團麵包

San Francisco Sourdough Bread

舊金山酸麵團麵包，是工廠製酵母問世前，源自美國舊金山地區
的原味酸麵團麵包。受到獨特的氣候影響，促使著床於麵粉的酵
母菌和乳酸菌比例特殊，並具有氣味酸而強烈的獨有特徵。

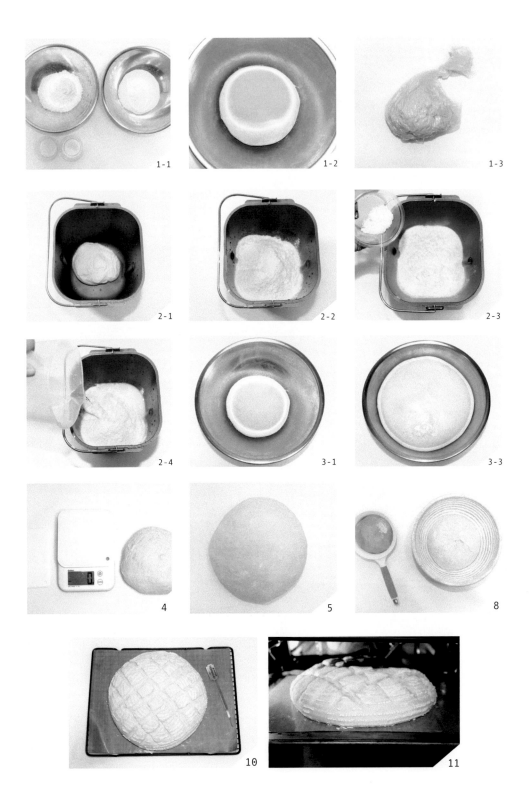

1-1

1-2

1-3

2-1

2-2

2-3

2-4

3-1

3-3

4

5

8

10

11

事前準備

前置麵團

高筋麵粉 100 公克

原味酸麵團 100 公克

水 33 公克

鹽 2 公克

主要麵團

高筋麵粉 233 公克

水 185 公克

鹽 2 公克

一起做吧

1. **前置麵團**：須於作業一天前備妥。

　1-1. 準備好的前置麵團，麵團溫度冬天30℃、夏天27℃。

　1-2. 以手搓揉麵團直至成形。

　1-3. 裝入塑膠袋或其他容器內，放進冰箱5℃冷藏24小時，待其熟成。

2. **主要麵團**：27℃（最後步驟時）

　2-1. 將前置麵團放入攪拌盆

　2-2. 倒入高筋麵粉

　2-3. 倒入鹽

　2-4. 倒入水，以低速6分鐘，中速3分鐘攪拌後，麵團即可進行第一次發酵。

3. **第一次發酵**：選擇高溫發酵或低溫冷藏發酵（需參考季節、作業環境溫度、麵團份量、冰箱效能等）。

　3-1. 高溫發酵：27℃，3小時 。

　3-2. 若是採用冷藏低溫發酵，則是在5℃，12小時→回復室溫：27℃，2小時。

Tips 藉由回復室溫的步驟，使麵團溫度上升，縮短第二次發酵的時間。

　3-3. 當麵團體積發至2倍大時即可完成第一次發酵。

4. **切割**：1份630公克。

5. **滾圓**。

6. **中間發酵**：10分鐘。

7. **定型**：揉成圓形即可。

8. **入模**：撒入適量麵粉至發酵籐籃，將麵團放入籃內。

9. **第二次發酵**：32℃，濕度75%，1小時30分鐘。

10. 烘烤前，先將麵團置於烘焙紙上，並在麵團表面劃出切痕。

Tips 當麵團表面被劃出切痕時，除了能成為烘焙者的獨家簽名，也能幫助烘烤時產生的氣體藉由切痕排出，避免生成亂七八糟的裂痕。

11. **烘烤**：230℃，噴灑蒸氣後 210℃，40 分鐘。

烤蘆筍

Baked Asparagus

蘆筍含有豐富的「氨基酸和礦物質」，且與豆芽一樣，具有對舒緩宿醉和恢復體力效果極佳的生理活性成分。為了有效吸收此類生理活性成分，可以將內含大量乳酸的舊金山酸麵團酵母麵包研磨成粉後，撒在蘆筍上再烹調。

蜂蜜芥末醬

1

2

烤蘆筍

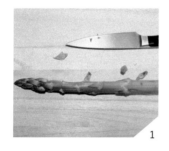

1

2

3

4

5

6

蜂蜜芥末醬

事前準備

美乃滋 50 公克
第戎芥末醬 5 公克
蜂蜜 30 公克
檸檬汁 3 公克
鹽、胡椒 適量

一起做吧

1. 拌勻所有材料。
2. 加入適量鹽、胡椒調味。

烤蘆筍

事前準備

蘆筍 8 根
麵包 75 公克
蛋白 2 顆
義大利洋香菜 4 公克
鹽、胡椒 適量

一起做吧

1. 切除蘆筍較硬的莖枝。
2. 刨去蘆筍皮。
3. 將蘆筍根部切除。
4. 麵包、義大利洋香菜、鹽、胡椒放進攪拌機內磨碎，製成香草麵包粉。
5. 利用調理刷將蛋白均勻塗抹於蘆筍後，再撒上香草麵包粉。
6. 蘆筍放在鋪好烤盤紙的烤盤內，放入烤箱，以230℃烘烤5分鐘。將烤好的蘆筍蘸取酸酸甜甜的蜂蜜芥末醬享用。

烤甜椒

Roasted Bell Pepper

有「散發甜味的辣椒」之稱的甜椒，只要稍微用油翻炒過再食用，
便能提升人體對維生素 A 前驅物質 β - 胡蘿蔔素的吸收。此時，
若能搭配內含豐富乳酸的麵包，以法式開胃菜（canapé）型態
享用，即可中和麵包的酸味，增進吸收甜椒的豐富維生素，有效
緩解現代人總是感到眼睛疲勞的情形。

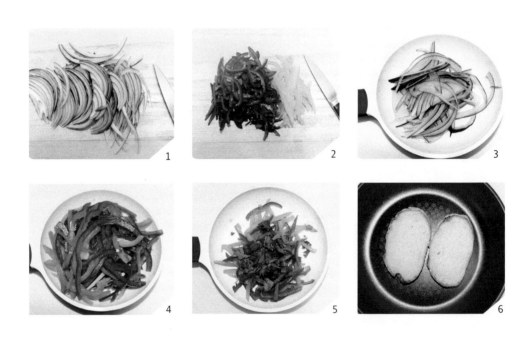

事前準備

甜椒 250 公克
紅洋蔥 150 公克
檸檬 1/3 顆
義大利洋香菜 4 公克
油 適量

一起做吧

1. 將紅洋蔥切絲備用。
2. 以瓦斯爐稍微烤一烤甜椒後，去皮切絲（生食亦可）。
   Tips 烤過的甜椒去皮後，口感較滑嫩，且帶有甜味。
3. 以平底鍋放油翻炒紅洋蔥後，起鍋，放在一旁備用。
4. 以平底鍋放油翻炒甜椒。
5. 加入義大利洋香菜和檸檬汁，起鍋，備用。
6. 利用平底鍋將麵包片煎烤至金黃色後，放上炒洋蔥與甜椒即可。

迷迭香
拖鞋麵包

Rosemary Ciabatta

由原意指「舊拖鞋」的義式麵包，所培養而成的乳酸菌，與熟成的麵粉，能有效幫助吸收生理活性成分與其他營養。只要再加點橄欖油，便能中和其酸氣；佐以適量迷迭香，也能大大提高料理風味。同時擁有酥脆的麵包皮，與鬆軟、Q 彈的麵包內裡，是拖鞋麵包與眾不同的特色。

5 小時
20 分鐘   4 個

事前準備

原味酸麵團 321 公克
高筋麵粉 351 公克
鹽 5 公克
水 182 公克
橄欖油 30 公克
糖 12 公克
新鮮迷迭香 5 公克

一起做吧

1. **麵團**：24℃（最後步驟時）
   1-1. 原味酸麵團放入攪拌盆內。
   1-2. 放入高筋麵粉。
   1-3. 倒入糖。
   1-4. 倒入鹽。
   1-5. 倒入水。
   1-6. 倒入橄欖油，以低速6分鐘，中速4分鐘攪拌。
   1-7. 加入新鮮迷迭香即可讓麵團進行第一次發酵。

2. **第一次發酵**
   2-1. 麵團以溫度32℃，開始第一次發酵，所需時間2小時。
   2-2. 當麵團體積發至2倍大時即可完成第一次發酵。

3. **定型**
   3-1. 利用擀麵棍，將麵團擀至34公分 x 22公分。
   3-2. 靜置10分鐘，讓麵團休息。
   3-3. 利用刮刀將麵團切成四等分。

4. 以正面倒置於帆布後，完成入模。

5. 麵團以溫度32℃，進行第二次發酵，濕度80%，所需時間1小時。

6. 翻轉至正面後，置於鐵氟龍布放進烤箱烘烤，烤箱溫度：230℃，噴灑蒸氣後：190℃，18分鐘。

Tips 請於 1 小時前預熱烤盤備用。

羅勒燻番茄
莫札瑞拉起司帕尼尼

Grilled Panini with Tomato, mozzarella and Basil

番茄的紅色、帕馬森起司的白色、新鮮羅勒的綠色,完成了一面
義大利國旗。這道料理所選用的羅勒青醬,是透過烹調義大利鄉
村美食的食材,呈現出蘊含其中的濃郁味道與香氣。

羅勒青醬

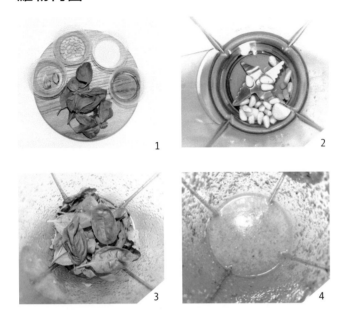

1　　　　2

3　　　　4

羅勒燻番茄莫札瑞拉起司帕尼尼

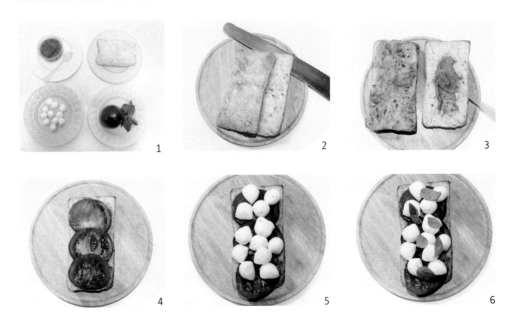

1　　2　　3

4　　5　　6

20 分鐘　1 人份

羅勒青醬

事前準備

新鮮羅勒 40 公克
帕馬森起司 15 公克
炒過的松子 9 公克
蒜 4 公克
橄欖油 50 公克
鹽、胡椒 適量

一起做吧

1. 備妥所有材料。
2. 將橄欖油、蒜、炒過的松子放入攪拌機內攪碎。
3. 加入新鮮羅勒。
4. 加入帕馬森起司、鹽、胡椒調味，攪碎後即可。

Tips 如果步驟 2 也加入新鮮羅勒的話，會增加均勻攪碎的困難性，因此建議分數次加入食材。完成的青醬可能因攪拌機杯身的熱度產生褐變，可以倒入其他容器後，將容器底部浸於冷水，防止醬料因溫度上升變質。

羅勒燻番茄莫札瑞拉起司帕尼尼

事前準備

拖鞋麵包 1 份
羅勒青醬 30 公克
新鮮羅勒 6 片
迷你莫札瑞拉起司 12 顆
牛番茄 半顆

一起做吧

1. 備妥所有材料。
2. 將拖鞋麵包切半，放入烤箱烘烤。
3. 再拖鞋麵包上塗抹羅勒青醬。
4. 放上切片牛番茄。
5. 放上迷你莫札瑞拉起司。
6. 放上幾片新鮮羅勒，即完成帕尼尼料理。

蔓越莓
長棍麵包

Cranberry Baguette

以細長棍棒模樣直接進行烘烤的長棍麵包，相較於其他法國麵包，麵包外皮的口感酥脆許多，麵包內裡也較有嚼勁。使用型態稀軟的原味酸麵團製成酵母，搭配蔓越莓乾內餡，味道甜滋滋。

4 小時 30 分鐘　2 個

事前準備

原味酸麵團 250 公克

高筋麵粉 250 公克

水 110 公克

鹽 6 公克

蔓越莓乾 100 公克

一起做吧

1. **主要麵團**：26℃（最後步驟時）

   1-1. 將原味酸麵團放入攪拌盆。

   1-2. 將高筋麵粉倒入步驟1-1後，加入鹽。

   1-3. 接著加入水，以低速6分鐘，中速3分鐘攪拌。

   1-4. 將蔓越莓乾加入，以1檔進行攪拌。

   1-5. 使用攪拌完成的麵團進行第一次發酵。

2. 選擇高溫發酵或低溫冷藏發酵法，進行第一次發酵。

   2-1. 高溫發酵：27℃，1小時。

   2-2. 冷藏低溫發酵：5℃，12小時→回復室溫：26℃，
        2小時。

   2-3. 當麵團體積發至2倍大時即可完成第一次發酵。

3. **切割**：350公克，2份。

4. **滾圓**。

5. **中間發酵**：20分鐘。

6. **定型**：製成長35公分的棍棒狀。

   6-1. 縱向來回將麵團擀成長條狀。

   6-2. 轉橫向，將麵團捲起。

   6-3. 由中央向兩側施力，製成長棍麵包的兩尖端。

7. 以正面倒置於烘焙布（粿巾），完成入模。

   Tips 由於發酵產生的有機酸溶解蛋白質和碳水化合物後，
        會使麵團變得黏稠，因此務必先撒適量麵粉於烘焙布
        （粿巾）上。

8. **第二次發酵**：溫度32℃，濕度85%，1小時30分鐘。

9. 將麵團置於烘焙紙上，並在麵團表面劃出切痕後送進烤
   箱準備烘烤。

10. **烘烤**：烤箱溫度250℃，噴灑蒸氣後調整為180℃，烤
    20分鐘。

酪梨太陽蛋
義式烤麵包

Soft Boiled Egg with Avocado on Toast

「義式烤麵包」是一種以小麵包製作的義大利開胃菜。烤得金黃酥脆的蔓越莓長棍麵包有些清淡，不妨佐以有效幫助吸收難以消化的水波蛋，與口感軟嫩的酪梨，賦予料理煥然一新的協調滋味。

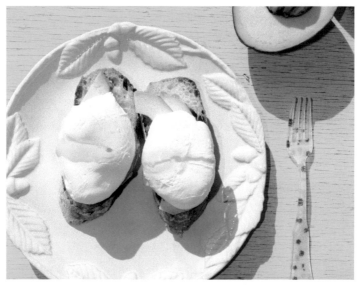

事前準備

水 1000 公克

鹽 10 公克

醋 6 公克

蛋 2 顆

蔓越莓長棍麵包 2 片

美乃滋 10 公克

顆粒芥末醬 2 公克

酪梨 半顆

一起做吧

1. 將水、醋、鹽放入鍋內，並使溫度維持在85~95℃。

2. 將蛋打入碗內後，以轉圈的方式倒入步驟1。

Tips 使用低身鍋，可能會使蛋沾黏鍋底，因此建議使用
高身鍋。

3. 持續攪拌，使蛋黃移至中央位置。

4. 完成水波蛋。

5. 攪拌美乃滋和顆粒芥末醬，製成醬料。

6. 將醬料塗抹於剛出爐的金黃蔓越莓長棍麵包。

7. 將酪梨去皮、去籽。

8. 酪梨切片，放在長棍麵包上。

9. 以長棍麵包→醬料→酪梨→水波蛋的順序放置後，即
可享用。

橄欖
佛卡夏麵包

Olive Focaccia

口感豐潤、滑順的佛卡夏麵包,是由烤得啪滋啪滋作響的麵包,
佐以香草、橄欖等多樣食材能大口享用的麵包料理。添加有益消
化的原味酸麵團,促使麵團膨脹、熟成,有效幫助緩解現代人因
缺乏活力、精神壓力而引起的消化不良。如此健康的料理,深受
矚目。

事前準備

原味酸麵團 200 公克
高筋麵粉 200 公克
鹽 1 公克
糖 9 公克
水 72 公克
橄欖油 40 公克
蒜 15 公克
紅洋蔥 300 公克
新鮮迷迭香 7 公克
黑橄欖 30 公克
起司粉 10 公克
乾義大利洋香菜 1 公克
乾羅勒 1 公克

一起做吧

1. **麵團**：27℃（最後步驟時）
    1-1. 將原味酸麵團放入攪拌盆內。
    1-2. 將高筋麵粉加入步驟1-1後，倒入糖。
    1-3. 倒入鹽。
    1-4. 倒入水，低速6分鐘，中速4分鐘，攪拌。
    1-5. 倒入橄欖油，以中速進行攪拌。
    1-6. 加入新鮮迷迭香後，以低速進行攪拌，完成後即
          可進行第一次發酵。
2. 選擇高溫發酵或冷藏低溫發酵進行第一次發酵。
    2-1. 高溫發酵：32℃，2小時。
    2-2. 冷藏低溫發酵：5℃，12小時→回復室溫：26℃
          ，2小時。
    2-3. 當麵團體積發至2倍大時即算完成第一次發酵。
3. **定型**：將橄欖油塗抹於烤盤；利用擀麵棍將麵團擀平
    後，放上蒜、新鮮迷迭香、紅洋蔥、黑橄欖、乾羅
    勒、乾義大利洋香菜、起司粉。
4. **第二次發酵**：溫度32℃，濕度85%，1小時。
    Tips 烘烤前，再次按壓凸起的橄欖。
5. **烘烤**：烤箱溫度250℃→噴灑蒸氣後調整為230℃，
    烘烤15分鐘。

香蒜義大利麵

Garlic Oil Pasta

橄欖油擁有大量不會堆積於血管的不飽和脂肪，加上以含有豐富
大蒜精的大蒜熱鍋爆炒而成的大蒜油，拌炒義大利麵完成這道料
理。只要再搭配口味稍重的橄欖佛卡夏麵包和鯷魚，就成為令人
食指大動的美味佳餚。

Chapter 1 原味酸麵團麵包與搭配料理 97

30 分鐘　1 人份

事前準備

義大利麵 100 公克

水 1500 公克

鹽 30 公克

蒜 10 顆

乾辣椒 4 條

鯷魚 2 條

帕馬森起司 10 公克

橄欖油 30 公克

芝麻葉 10 公克

鹽、胡椒 適量

一起做吧

1. 將水1500公克和鹽30公克倒入鍋內，開火煮水。

2. 水滾後放入義大利麵煮6分鐘。

3. 蒜切半，取一只平底鍋，倒入橄欖油，翻炒蒜片。

4. 加入鯷魚翻炒。

Tips 由於蒜和鯷魚都相當容易燒焦，務必以小火料理。

5. 加入乾辣椒增添辣味 。

6. 加入煮麵水180公克。

7. 加入義大利麵拌炒至收汁。

8. 加入帕馬森起司、鹽、胡椒調味。

9. 最後均勻灑上橄欖油，放上芝麻葉，豐富料理滋味。

天然酵母披薩

Natural Fermentation Pizza

以薄餅皮為其特徵的羅馬式披薩，單純利用麵粉加水培養出豐富乳酸菌，累積大量熟成麵團發酵產生的乳酸，有效幫助消化與披薩一起享用的起司、蔬菜、醬料等。

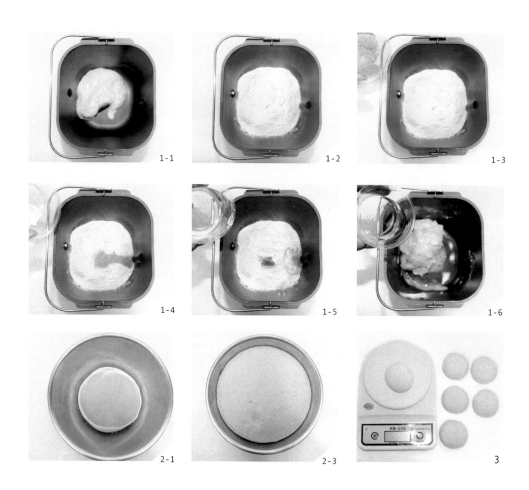

2 小時
40 分鐘

6 個

事前準備

原味酸麵團 200 公克

高筋麵粉 200 公克

糖 14 公克

鹽 2 公克

水 71 公克

橄欖油 22 公克

一起做吧

1. **主要麵團**：26℃（最後步驟時）

   1-1. 將原味酸麵團放入攪拌盆。

   1-2. 倒入高筋麵粉。

   1-3. 倒入糖。

   1-4. 倒入鹽。

   1-5. 倒入水，以低速5分鐘，中速4分鐘進行攪拌。

   1-6. 倒入橄欖油，以中速進行攪拌。

   1-7. 完成麵團後，即可進行第一次發酵。

2. 選擇高溫發酵或冷藏低溫發酵第一次發酵。

   2-1. 高溫發酵：27℃，3小時。

   2-2. 冷藏低溫發酵：5℃，12小時→回復室溫：26℃
        ，2小時。

   2-3. 完成第一次發酵：當麵團體積發至2倍大時即
        可。

3. 將發酵完成的麵包切割成80公克，6份。

4. 滾圓。

5. 中間發酵20分鐘。

6. 置於冰箱保存，使用期限為2天。

Tips 以保鮮膜獨立包裝，或放入墊好浸濕烘焙布的密封
     容器，然後再以烘焙布覆蓋麵團表面，防止麵團變
     得乾燥。2 小時後，擀平麵團，放入烤箱烘烤即可。

披薩醬料

Pizza Sauce

在義大利人認為最美味的聖馬爾扎諾番茄與羅勒裡，添加各式種類和比例的橄欖油製成淋醬，便是洋溢異國風情的特色番茄醬。將番茄醬倒入攪拌機攪拌後，靜待份量縮至一半，即完成濃度恰到好處的披薩醬料。

40 分鐘　6 人份

事前準備

整顆去皮番茄 245 公克

新鮮羅勒 3 公克

洋蔥末 50 公克

蒜 2 顆

鹽 2 公克

乾奧勒岡 1 公克

橄欖油 10 公克

胡椒 適量

一起做吧

1. 將橄欖油倒入平底鍋後，放入洋蔥末和蒜片翻炒，起鍋放在容器中備用。

2. 以攪拌機攪碎去皮番茄，或用手搗碎。

3. 翻炒去皮番茄，接著倒入已炒好的蒜和洋蔥。

4. 加入鹽、胡椒調味。

5. 加入乾奧勒岡。

6. 加入新鮮羅勒後，煮沸。

7. 將完成的番茄醬倒入攪拌機中攪拌，待濃度縮至原番茄醬容量的50%，即完成披薩醬料。

田園披薩

Vegetable Garden Pizza

坐落於義大利北部的地中海城市熱那亞（Genova），以盛產羅勒、橄欖油、大蒜聞名，當地人善用這些垂手可得的食材，製成以羅勒青醬為基底的披薩醬料。精選栽種於田園的新鮮茄子、甜椒、洋蔥、南瓜，稍微拌點油翻炒，經常食用便能有效提高人體攝取脂溶性維生素和礦物質。

羅勒青醬

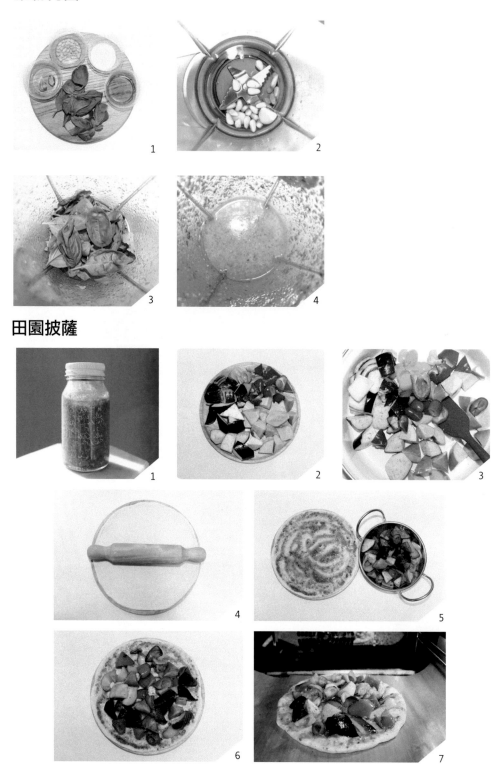

1
2
3
4

田園披薩

1
2
3
4
5
6
7

羅勒青醬

事前準備

新鮮羅勒 40 公克
帕馬森起司 15 公克
炒過的松子 9 公克
蒜 4 公克
橄欖油 50 公克
鹽、胡椒 適量

一起做吧

1. 備妥所有材料。
2. 將橄欖油、蒜、炒過的松子放入攪拌機內攪碎。
3. 加入新鮮羅勒。
4. 加入帕馬森起司、鹽、胡椒調味後，攪碎即可完成。

Tips 如果在步驟 2 時加入新鮮羅勒，會增加均勻攪碎的困難性，因此建議分數次加入食材。完成的青醬可能因攪拌機杯身的熱度產生褐變，可以倒入其他容器後，將容器底部浸於冷水，防止醬料因溫度上升變質。

田園披薩

事前準備

披薩餅皮 80 公克
聖女番茄 5 顆
芝麻葉 5 公克
紅椒 50 公克
紅洋蔥 70 公克
南瓜 80 公克
茄子 60 公克
橄欖油 30 公克
鹽、胡椒 適量

一起做吧

1. 預先備妥羅勒青醬。
2. 將紅椒、南瓜、茄子、紅洋蔥切成3公分大小。
3. 將橄欖油倒入鍋內，翻炒步驟2蔬菜，再加進鹽、胡椒調味即可。

Tips 由於之後會再放入烤箱烘烤，步驟 3 只需炒至半熟即可。

4. 將披薩餅皮擀成直徑21公分圓形狀。
5. 塗抹羅勒青醬。
6. 擺上炒蔬菜。
7. 放入烤箱（250℃，4分鐘）完成烘烤後，擺上聖女番茄和芝麻葉。

瑞可塔起司

Ricotta Cheese

牛奶的蛋白質經凝固後，即為起司。隨著發酵方法、發酵程度、水分含量的不同，其香氣與質地也會有所差異。瑞可塔起司遇熱會使乳球蛋白凝固，並使奶油脂肪變得滑順，極力推薦給成長期的孩童。

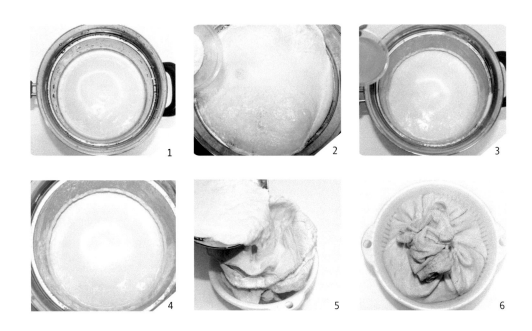

事前準備

牛奶 1000 公克

鮮奶油 500 公克

鹽 11 公克

檸檬汁 50 公克

一起做吧

1. 將牛奶和鮮奶油均勻攪拌後,以最小火煮沸。

2. 開始沸騰後,加入鹽攪拌。

3. 當牛奶氣泡變多並開始沸騰時,加入檸檬汁,熄火。

4. 靜置到牛奶變成凝結物。

5. 將牛奶倒入過濾袋。

6. 如同過濾豆腐渣般,壓除水分。

Tips 依據水分含量不同,味道和口感也會有所不同,建議按照個人喜好調整壓除水分的多寡。

菠菜瑞可塔
起司披薩

Spinach & Ricotta Pizza

清淡而高雅的味道,是瑞可塔起司的一大特色。不過,由於並未
經由微生物發酵,因此難以消化。此時,只要選擇含有豐富乳酸
的麵團製成的披薩餅皮,便能提高吸收率;搭配食用的菠菜,則
可以幫助人體攝取鉀、以及維生素 A、C 等營養成分。

1

2

3

4

5

事前準備

披薩餅皮 160 公克

披薩醬料 30 公克

披薩起司 50 公克

菠菜 50 公克

瑞可塔起司 270 公克

一起做吧

1. 將菠菜洗淨、切段。

2. 將披薩餅皮擀成長方形。

3. 塗抹披薩醬料後，擺上披薩起司。

4. 放入烤箱內，以250℃，烤5分鐘。

Tips 依據個人使用烤箱的性能不同，烘烤的時間可能有
些許差異，使得披薩的型態產生差異。

5. 完成烘烤後，擺上菠菜和瑞可塔起司即可。

蜂蜜古岡左拉
起司披薩餃

Honey & Gorgonzola Pizza

著床於起司表面的藍綠黴菌，經發酵、熟成後，成為了特有濃郁
香氣不絕於鼻的古岡左拉起司。這道料理是以天然發酵披薩餅皮
裹覆古岡左拉起司烘烤後，蘸取香甜蜂蜜享用的半月形披薩。

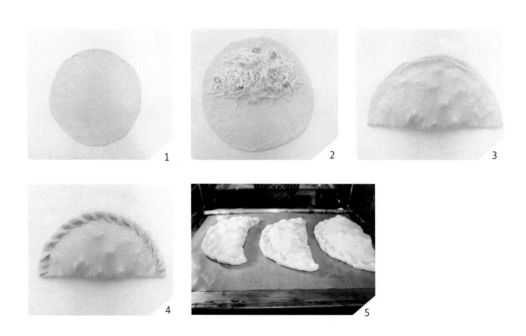

事前準備

披薩餅皮 80 公克
披薩起司 150 公克
古岡左拉起司 3 公克
蜂蜜 適量

一起做吧

1. 將披薩餅皮擀成圓形。
2. 將披薩起司和古岡左拉起司撒在半張披薩餅皮上。

Tips 依據個人使用烤箱的性能不同，烘烤的時間可能有
　　　些許差異，使得披薩的型態產生差異。

3. 將披薩餅皮對折。
4. 對折處捏花封口。
5. 放入烤箱（250℃，5分）。完成烘烤後，蘸取蜂蜜
　　享用即可。

Chapter 2

全麥酸麵團麵包
與
搭配料理

100% 全麥麵包

Whole Wheat Bread 100%

所謂全麥，是指如玄米之類含有豐富生理活性成分與營養價值的
穀物。然而，難以消化的全麥，必須藉由培養、熟成乳酸菌的方
式，促成較有效率的吸收。這款麵包使用同等份量的麵粉和水，
使麵包內裡的口感更為綿密，且嚼勁十足。

4 小時　　2 個

事前準備

全麥酸麵團 250 公克
全麥麵粉 250 公克
36℃ 的水 250 公克
鹽 6 公克
葵花子 80 公克
奇亞籽 20 公克
用來泡開堅果類的水 50 公克
燕麥 40 公克

一起做吧

1. **麵團**：27℃

   Tips 為了不讓麥穀蛋白成形，於拾起階段（pick up stage）即結束此步驟的操作。

   1-1. 將水和鹽均勻攪拌，煮至70℃後，再冷卻至36℃。
   1-2. 倒入全麥麵粉。
   1-3. 加入麵種，以低速3分鐘進行攪拌。
   1-4. 將葵花子和奇亞籽放入水中泡開。

2. **第一次發酵**：溫度30℃，濕度75%，2小時。

3. **切割**：430公克，2份。

4. **入模**：放入吐司模後，撒上燕麥。

5. **第二次發酵**：溫度32℃，濕度80%，50分鐘。

6. **烘烤**：烤箱預熱240℃，噴灑蒸氣後180℃，烘烤18分鐘。

野櫻梅奶油起司義式烤麵包

Spread Aronia & Cream Cheese On Toast

富含大量花青素、兒茶素、白藜蘆醇等生理活性成分的莓果類──野櫻梅，不僅近來相當受到矚目，只要搭配有機酸豐富的全麥麵包一起食用，甚至還能更有效率地吸收其營養與生理活性成分。

事前準備

野櫻梅 100 公克

奶油起司 200 公克

蜂蜜 50 公克

薄荷葉 3 片

100% 全麥麵包 6 片

一起做吧

1.將野櫻梅加入奶油起司內攪拌。

2.倒入蜂蜜，調整甜度。

Tips 可使用楓糖或龍舌蘭蜜替代蜂蜜。

3.加入薄荷葉，增添清新香氣。

4.將步驟3置於完成烘烤的全麥麵包上即完成。

全麥長棍麵包

Whole Wheat Baguette

選用全麥酸麵團的長棍麵包，不僅能促進人體吸收維生素與礦物質，其食物纖維也能幫助排便、排出體內老廢物質，有效預防大腸癌。此外，就營養學層面而言，相較於一般長棍麵包，全麥長棍麵包不會使血糖急速升高，具有控制血糖的優點。

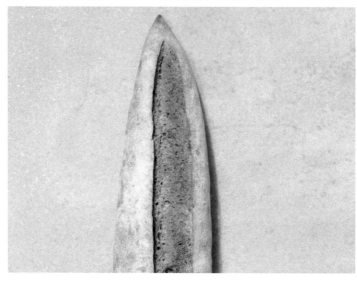

4 小時 30 分鐘　2 個

事前準備

全麥酸麵團 250 公克
全麥麵粉 250 公克
水 100 公克
鹽 6 公克
麥芽精 1 公克

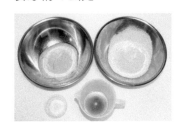

一起做吧

1. **麵團**：24℃（最後階段）
   1-1. 將全麥酸麵團放入攪拌盆內。
   1-2. 倒入全麥麵粉。
   1-3. 倒入鹽。
   1-4. 將麥芽精稀釋後，以低速6分鐘，中速2分鐘進行攪拌。
   1-5. 完成麵團後，進行第一次發酵。
2. **第一次發酵**：選擇高溫發酵，或冷藏低溫發酵。
   2-1. 高溫發酵：24℃，1小時。
   2-2. 冷藏低溫發酵：5℃，12小時→回復室溫：26℃，2小時。
   2-3. 完成第一次發酵。
3. **切割**：300公克，2份。
4. **滾圓**。
5. **中間發酵**：20分鐘。
6. **成形**：長35公分的棍棒狀。
   6-1. 以手輕輕壓出氣泡，再利用擀麵棍來回將麵團擀成長條狀。
   6-2. 轉為橫向，用力捲緊麵團。
   6-3. 封口整理麵團形狀。
7. **入模**：以正面倒置於帆布。
8. **第二次發酵**：溫度27℃，濕度75%，1小時30分鐘。
9. **烘烤前**：麵團置於烘焙紙上，並在麵團表面劃出切痕。
10. **烘烤**：烤箱溫度250℃，噴灑蒸氣後210℃，烤21分鐘。

Tips 烘烤時，一旦開始噴灑蒸氣，麵團表面即會產生水膜，延緩麵包皮成形，因而增強烘焙漲力，加大麵包體積，且麵包皮會變得較薄、散發光澤。

02-1

烤布利起司

Baked Brie

從深受法國平民喜愛，躍身成為所有身份階層對它愛不釋手的烤布利起司，是利用未經殺菌的牛奶製作。凝固後，灰色黴菌會著床於起司表面，並發酵、熟成的軟質起司。與核桃、蜂蜜一起放進烤箱烘烤後，即可以全麥長棍麵包蘸取享用。

事前準備

布利起司 125 公克

核桃 20 公克

蜂蜜 40 公克

全麥長棍麵包 8 片

迷迭香 1 枝

一起做吧

1. 利用叉子在布利起司上戳出小洞。

Tips 戳洞是為了加強傳熱與幫助後續淋上的蜂蜜滲透。

2. 放上迷迭香。

3. 放上核桃。

4. 淋上蜂蜜。

5. 放入烤箱，以200℃，烘烤12分鐘後，即可以全麥長棍麵包蘸取享用。

蛤蜊巧達濃湯

Clam Chowder

起源於美國東北海岸的湯品，精選多樣當地特產貝類，以及馬鈴薯等各式蔬菜、甲殼類海鮮烹調而成。主要使用的基底材料為牛奶、鮮奶油、奶油炒麵糊，幾乎都具有難以消化的特色。不過，只要搭配全麥長棍麵包一起吃，便能解決這個問題。

40 分鐘　4 人份

事前準備

橄欖油 15 公克

蒜 3 顆

芹菜 30 公克

紅洋蔥 120 公克

馬鈴薯 130 公克

南瓜 130 公克

茄子 90 公克

紅椒 100 公克

紅蘿蔔 75 公克

全麥長棍麵包 1 份

花蛤 240 公克

大蛤 130 公克

蝦 120 公克

料理酒 10 公克

水 100 公克

熱牛奶 300 公克

鮮奶油 250 公克

奶油 30 公克

麵粉 30 公克

鹽、胡椒 適量

一起做吧

1. 洗淨完成吐沙的貝類。

Tips 為了讓貝類吐沙，必須營造類似原先生活環境的地方。將貝類浸泡於鹽水（1公斤水加上35公克鹽攪勻)後，若能放入湯匙或其他金屬類，並放置於陰暗處，吐沙效果更佳。

2. 洗淨蝦子。

3. 將所有的蔬菜切成0.5公分大小。

4. 將橄欖油倒入鍋中，用以翻炒蒜。

5. 翻炒海鮮，並於過程中倒入料理酒點火（flambé）消除異味。

6. 倒入切好的蔬菜。

7. 倒入水。

8. 倒入鮮奶油。

9. 將同等份量的奶油和麵粉放入平底鍋內，以小火翻炒後，倒入熱牛奶，調整濃湯濃度，以鹽和胡椒調味，搭配全麥長棍麵包一起享用。

Tips 奶油炒麵糊，指利用小火將 1:1 的奶油和麵粉翻炒至呈白色的糊狀後，用作各種醬料或湯類的增稠劑。炒麵糊（roux），按照翻炒程度或顏色可細分為白色炒麵糊、金色炒麵糊、褐色炒麵糊；製作白色炒麵糊時，可藉由倒入熱牛奶減少食材產生結塊的現象。

全麥硬麵包

Whole Wheat Hard Roll

培養利於人體健康的乳酸菌，再利用全麥熟成後製成的麵包，使全麥富含的必需脂肪酸、必需胺基酸、食物纖維等生理活性成分和營養變得容易吸收。此外，添加微量的糖、奶粉、蛋白等副材料的圓麵包，讓麵包皮變得更加酥脆，而麵包內裡則變得更加綿密、富嚼勁。

4 小時
15 分鐘

9 個

事前準備

全麥酸麵團 250 公克

全麥麵粉 250 公克

鹽 7 公克

糖 8 公克

橄欖油 15 公克

蛋白 20 公克

奶粉 4 公克

水 93 公克

葵花子（沾料）36 公克

一起做吧

1. **麵團**：24℃（最後步驟時）

   1-1. 將全麥酸麵團放入攪拌盆內。

   1-2. 倒入全麥麵粉。

   1-3. 倒入鹽、糖、奶粉。

   1-4. 倒入蛋白。

   1-5. 倒入水。

   1-6. 倒入橄欖油，以低速6分鐘，中速3分鐘進行攪拌。

   1-7. 完成麵團後，進行第一次發酵。

2. **第一次發酵**：選擇高溫發酵，或冷藏低溫發酵。

   2-1. 高溫發酵：24℃，1小時。

   2-2. 冷藏低溫發酵：5℃，12小時→回復室溫：26℃，2小時。

   2-3. 完成第一次發酵。

3. **切割**：70公克，9份。

4. **滾圓**。

5. **中間發酵**：20分鐘。

6. **定型**：製成小圓球狀。

7. **入模**：將完成定形的麵團，以正面倒置於帆布。

8. **第二次發酵**：溫度30~32℃，濕度75%，1小時30分鐘。

9. **烘烤前**：將麵團置於沾附葵花子，沾葵瓜子面朝上烘焙紙上。

Tips 添加堅果類，豐富營養價值。

10. **烘烤**：230℃，噴灑蒸氣後180℃，15分鐘。

Tips 烘烤天然發酵麵團時，麵團會藉由第一次發酵時形成的發酵產物揮發，而產生促使膨脹的烘焙漲力。因此必須盡快將麵團放置於以高溫預熱的烤箱內的鐵氟龍布上。

義式鯷魚熱醬

Bagna Cauda

Bagna Cauda，是源自義大利的「熱醬」。主要以橄欖油為基底，以鯷魚、大蒜調味，最後再以奶油調整濃度與口感。選用蔬菜棒蘸取食用，風味尤佳；搭配擁有豐富醋酸與乳酸的麵包一起享用，能有效阻擋易引發食物中毒與各種疾病的細菌萌芽。

蔬菜

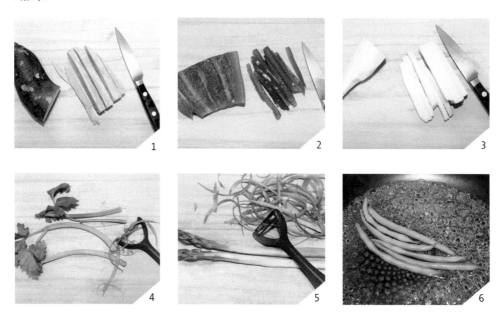

醬料

152

40 分鐘　4 人份

蔬菜

事前準備	一起做吧
番薯 80 公克	1. 將番薯切成 0.5 公分寬長條狀。
黃椒 75 公克	2. 將甜椒切成 0.5 公分寬長條狀。
紅椒 75 公克	3. 將山藥、大頭菜切成 0.5 公分寬長條狀。
四季豆 45 公克	4. 削去芹菜表面的纖維後，切成長 0.5 公分大小。
山藥 80 公克	5. 削去蘆筍較硬的莖枝和嫩芽後，以鹽水稍作汆燙。
大頭菜 70 公克	6. 切去四季豆兩端後，切半放入鹽水汆燙。
芹菜 35 公克	*Tips* 有多餘蔬菜時，可以利用報紙裹覆蔬菜後，再以保
紅蘿蔔 200 公克	鮮膜或塑膠袋包裝保存，即能延長保鮮期。
蘆筍 60 公克	

醬料

事前準備	一起做吧
蒜 12 顆	1. 備妥製作醬料的食材。
橄欖油 50 公克	2. 將水倒入鍋內，煮熟蒜頭。
鯷魚 6 條	3. 將鯷魚、橄欖油、煮熟的蒜倒入攪拌機內攪碎。
奶油 50 公克	4. 將攪碎的醬料倒入鍋內烹煮。
	5. 利用奶油調整濃度即可。

芝麻葉青醬

Perilla Leaf Pesto

始於熱那亞的羅勒青醬，其名稱源自 Pestare（碾碎）一詞。亦
可選用四季皆易取得的芝麻葉，替代羅勒製作青醬。以芝麻葉製
成的青醬最能完美呈現特有的傳統口味與香氣。麵包佐芝麻葉青
醬，可有效促進吸收必需脂肪酸、維生素類、必需胺基酸等。

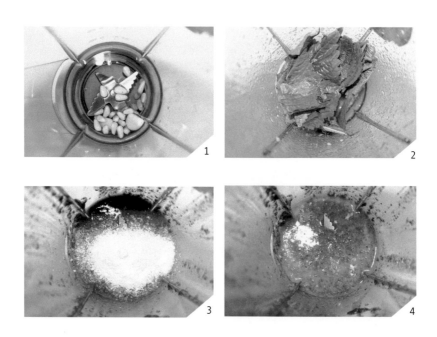

10 分鐘　3 人份

事前準備

芝麻葉 30 公克

帕馬森起司 10 公克

松子 6 公克

蒜 3 顆

橄欖油 65 公克

鹽、胡椒 適量

一起做吧

1. 將橄欖油、蒜、松子倒入攪拌機內攪碎。

2. 將洗淨的芝麻葉，分成數次倒入攪拌機內攪碎。

Tips 可以選用芝麻葉、短果茴芹、水芹、魁蒿，取代羅勒製成青醬。

3. 以帕馬森起司、鹽、胡椒調味。

4. 攪打均勻即完成芝麻葉青醬。

全麥酸麵團
吐司

Whole Wheat Sourdough Tin Bread

以全麥製成的酸麵團，成功地以麵包體積反映恰到好處的發酵效
果，甚而將全麥充分熟成時產生的清爽酸氣，盡收於吐司之中。
搭配糖、奶粉、蛋、橄欖油等副材料，使略顯單調的吐司口感，
變得滑順許多。

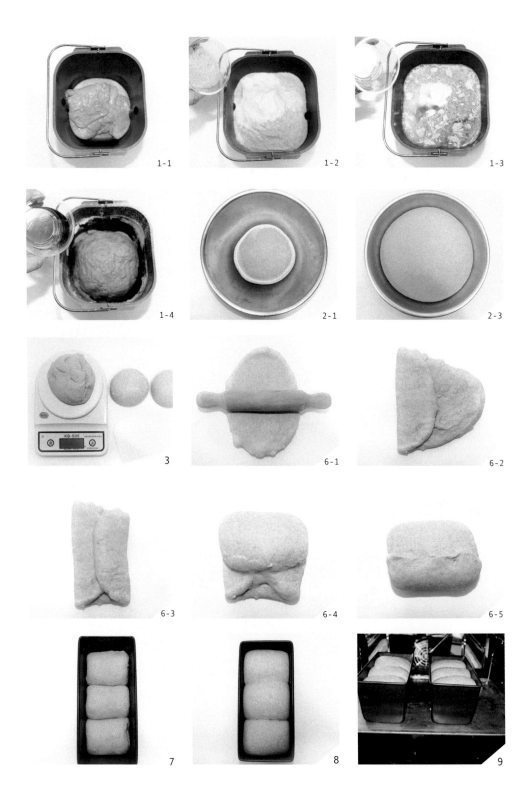

7 小時　2 個

事前準備

高筋麵粉 500 公克
全麥酸麵團 500 公克
鹽 10 公克
糖 23 公克
橄欖油 23 公克
蛋 30 公克
奶粉 15 公克
水 240 公克

一起做吧

1. **麵團**：27℃（最後階段）
   1-1. 將全麥酸麵團放入攪拌盆內。
   1-2. 將高筋麵粉倒入攪拌盆後，再倒入奶粉、糖。
   1-3. 倒入鹽、蛋、水。
   1-4. 倒入橄欖油後，以低速6分鐘，中速4分鐘進行攪拌。
   1-5. 完成麵團後，進行第一次發酵。
2. **第一次發酵**：選擇高溫發酵，或冷藏低溫發酵。
   2-1. 高溫發酵：27℃，3小時。
   2-2. 冷藏低溫發酵：5℃，12小時→回復室溫：26℃，1~2小時。
   2-3. 完成第一次發酵。
3. **切割**：220公克一個，共6個。
4. **滾圓**。
5. **中間發酵**：20分鐘。
6. **成形**：山峰形。
   6-1. 以手輕輕壓出氣泡，再利用擀麵棍來回將麵團擀成長條狀。
   6-2. 轉為橫向，以目測將麵團分為三等份後，由左向中央折。
   6-3. 由右向中央折。
   6-4. 由上向下捲起麵團。
   6-5. 封口整理麵團形狀。
7. **入模**：一個烤模三塊麵團。
8. **第二次發酵**：溫度32℃，濕度85%，2小時。
9. **烘烤**：烤箱175℃，烘烤35分鐘。

細葉芝麻葉 &
培根義式蛋餅

Rucola & Bacon Frittata

Frittata一詞，源自義大利文中的「炸」（Fritta），指稱義式蛋餅。
天然酵母麵包富含的醋酸菌與乳酸菌，不僅增添料理風味，甚至
還能有效幫助人體吸收養分與生理活性成分，兼顧美味與促進腸
道順暢等多項優點。

事前準備

芝麻葉 30 公克

全麥吐司 1 片

蛋 2 顆

培根 50 公克

牛奶 100 公克

馬鈴薯 120 公克

乾奧勒岡 1 公克

乾羅勒 1 公克

新鮮迷迭香 1 株

胡椒、鹽、水 適量

一起做吧

1. 將馬鈴薯去皮後，切成2公分大小。

2. 將鹽和水倒入鍋內，煮熟馬鈴薯。

3. 全麥吐司切邊後，再切成2公分大小的正方形。

4. 將培根切成2公分大小，以平底鍋翻炒，不需添加任何油。

Tips 又稱「雜燴蛋餅」，可以加入冰箱中各種剩餘食材。

5. 將蛋、牛奶、乾奧勒岡、乾羅勒、新鮮迷迭香、胡椒倒入量杯後，均勻攪拌。

6. 將馬鈴薯、培根、吐司倒入步驟5。

7. 放上培根。

8. 放上芝麻葉。

9. 放入烤箱，以200℃，烘烤35分鐘，即可完成。

Tips 選擇使用瓦斯爐，而非烤箱烘烤時，宜以小火烘烤15 分鐘以上，靜待料理慢慢熟透，以避免出現烤焦的情形。

烤莫札瑞拉
起司

Baked Mozzarella

以蛋白塗滿莫札瑞拉起司，再裹上香草麵包粉後，置於鐵氟龍布上烘烤即宣告大功告成。選用麵包內裡富含醋酸與乳酸的麵包，讓尤其喜歡起司的發育期孩童於盡情享受料理的同時，大幅地吸收鈣質，助於強化骨骼發展。

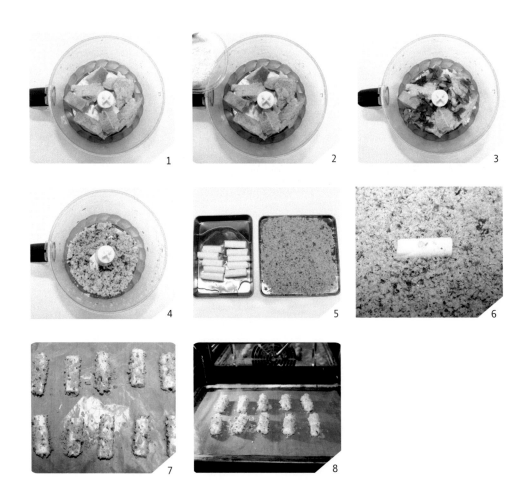

10 分鐘　2 人份

事前準備

莫札瑞拉起司 170 公克

帕馬森起司 7 公克

蛋白 2 顆

義大利洋香菜 6 公克

全麥吐司 2 片

鹽 適量

一起做吧

1. 將全麥吐司放入攪拌機內攪碎。

2. 將帕馬森起司倒入攪拌機內。

3. 將義大利洋香菜倒入攪拌機內攪碎。

4. 將鹽倒入攪拌機內。

5. 將莫札瑞拉起司切半後，裹滿蛋白；取出攪拌機中的香草麵包粉備用。

6. 取裹了蛋白的莫札瑞拉起司，再次裹上香草麵包粉。

7. 將起司置於鐵氟龍布上。

8. 放入烤箱，以200℃烘烤5分鐘。

蘑菇義大利冷麵佐
義大利陳年葡萄醋

Mushroom Cold Pasta With Balsamic Vinegar

當人體進行代謝時，乳酸是造成我們感到疲勞的根源物質。然
而，義大利香醋的主要成分——醋酸，可以分解此類乳酸。選用
天然酵母餐包，也能得到與義大利香醋同樣的效果喔！

25 分鐘　1 人份

事前準備

蜂蜜 25 公克

鴻喜菇 90 公克

香菇 25 公克

杏鮑菇 40 公克

洋菇 40 公克

金針菇 45 公克

四季豆 15 公克

帕馬森起司 12 公克

車輪麵 60 公克

義大利香醋 7 公克

橄欖油 15 公克

水 1500 公克

鹽 30 公克

鹽、胡椒 適量

一起做吧

1. 將1500公克的水和30公克的鹽倒入義大利麵鍋。

2. 將車輪麵放入鍋內烹煮約12分鐘。

Tips 車輪麵(Rotelle)屬擠壓式面條，外形通常為圓形，中間有七個孔，因狀似車輪而命名，Rotelle在義大利語中亦有「小輪子」之意。

3. 將五種菇類通通切成0.5公分大小。

4. 四季豆兩端切除後，切半，再利用鹽水稍微汆燙。

5. 取一只平底鍋，倒入橄欖油，用以翻炒菇類和四季豆。

6. 以鹽、胡椒調味。

7. 將事先煮好的車輪麵撈起過冷水後，瀝乾水分。

8. 瀝乾水分後的車輪麵放進平底鍋，倒入義大利香醋、橄欖油、蜂蜜，與菇類、四季豆拌炒。

9. 撒上帕馬森起司。

10. 以鹽、胡椒調味。

11. 將麵放入挖除麵包內裡的吐司邊內享用。

12. 亦可利用事先以杯子蛋糕烤盤烘烤過的吐司片盛裝麵條。

Chapter 3

黑麥酸麵團麵包
與
搭配料理

100% 黑麥麵包

Pumpernickel

使用生長於嚴寒、貧瘠土地的黑麥製成酸麵團,體積會較使用其
他穀類製成的麵包來得小,麵包內裡的口感也較紮實、有嚼勁。
硬脆的黑麥麵包皮,即使只咬一口,也能感受撲鼻而來的酸氣,
但是其中富含的營養價值,實在無須多加贅述。

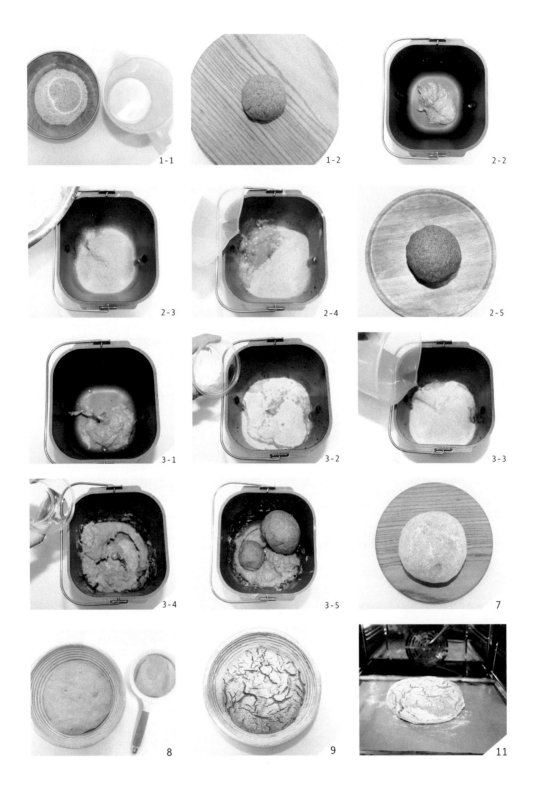

1-1

1-2

2-2

2-3

2-4

2-5

3-1

3-2

3-3

3-4

3-5

7

8

9

11

178

29 小時
30 分鐘　　2 個

事前準備

前置麵團 1
黑麥麵粉 120 公克
水 70 公克

前置麵團 2
黑麥麵粉 300 公克
黑麥酸麵團 150 公克
水 135 公克

主要麵團
黑麥麵粉 255 公克
黑麥酸麵團 200 公克
鹽 11 公克
水 150 公克
橄欖油 15 公克

一起做吧

1. **前置麵團1**：於正式烘焙前一天備妥。
   1-1. 麵團溫度：26℃，將黑麥麵粉和水混合攪拌均勻。
   1-2. 用手將步驟1-1搓揉成團，並採用自解法（Autolyse）。
   1-3. 在室溫環境靜置一天。

2. **前置麵團2**
   2-1. 麵團溫度：24℃。
   2-2. 將黑麥酸麵團放入攪拌盆。
   2-3. 倒入黑麥麵粉。
   2-4. 倒入水，以低速8分鐘進行攪拌。
   2-5. 以保鮮膜包裹完成的麵團，等待發酵。
   2-6. 採冷藏熟成法，熟成條件為冷藏5℃，一天。

3. **主要麵團**：24℃（拾起階段Pick-up Stage）
   3-1. 放入黑麥酸麵團。
   3-2. 倒入黑麥麵粉，再倒入鹽。
   3-3. 倒入水。
   3-4. 倒入橄欖油，以低速7分鐘進行攪拌。
   3-5. 與事先備妥的兩個前製麵團均勻攪拌即可。

4. 攪拌後，利用刮刀集中麵團。

5. **切割**：將麵團切割成630公克，2個。

6. 將麵團靜置於作業台上，休息15分鐘。

7. **成形**：圓形。

8. **入模**：撒入適量麵粉至發酵籐籃後，將麵團以正面倒置入籃。

9. **第二次發酵**：溫度28℃，濕度75%，3小時。

10. **烘焙前**：先將麵團置於鐵氟龍布上。

11. **烘焙**：烤箱溫度230℃，噴灑蒸氣後200℃，烤30分鐘。

鮮蝦雪蓮子
義式烤麵包

Shrimp and Chick Pea Bruschetta

隨著社會對健康議題的關注程度日益提升，大眾越來越重視選擇營養好、衛生條件佳的食材製作料理。以在國際公認的世界長壽地區之一中國新疆和田地區被稱為是「長壽豆」的雪蓮子，搭配 100% 黑麥麵包，以及甜辣醬、鮮蝦提味，堪稱是一舉數得的佳餚。

10 分鐘　1 人份

事前準備

蝦 適量

乾雪蓮子 13 顆
（或罐頭製品）

黑麥麵包 1 份

新鮮羅勒 1 株

蒜 1 顆

聖女番茄 2 顆

甜辣醬 15 公克

一起做吧

1. 以蒜片塗抹麵包，增添香氣。
2. 將黑麥麵包放入平底鍋內，煎烤至酥脆。
3. 將甜辣醬塗抹於麵包表面。
4. 汆燙蝦子。
5. 取聖女番茄切半。
6. 取新鮮羅勒切絲。
7. 將蝦子、聖女番茄、羅勒放入甜辣醬中，均勻攪拌。
8. 將雪蓮子置於麵包上。
9. 將步驟7的蝦子、聖女番茄及醬料，鋪在雪蓮子之
   上，即可準備盛盤。

Tips 雪蓮子屬豆類植物，又名埃及豆、鷹嘴豆、雞豆、
藜豆、印度豆等，擁有消除疲勞、高飽足感、預防
便祕、抗氧化、防止老化等優點。由於罐頭雪蓮子
已經煮熟，使用前建議稍作沖洗；若是乾雪蓮子，
請先用水泡開後，以鹽水煮熟再使用。

雜糧麵包

Multigrains Bread

雜糧麵包，是指添加了葵花子、黑麥、亞麻籽、豆粉、麥麩、黑麥麩、大豆纖維、大麥等多樣雜糧的黑麥麵包。由於穀類不易消化，因此必須藉由培養黑麥產生乳酸菌，熟成黑麥和雜糧，製成麵包。另外，考量此類穀類的特徵，調整適量麵粉進行搭配，完成兼具營養與美味的麵包料理。

6 小時
20 分鐘

2 個

事前準備

高筋麵粉 180 公克

粗麵粉 115 公克

黑麥酸麵團 250 公克

鹽 2 公克

麥芽精 1 公克

水 140 公克

一起做吧

1. **麵團**：24℃（最後階段）

　1-1. 將黑麥酸麵團放入攪拌盆內。

　1-2. 將高筋麵粉和粗麵粉倒入攪拌盆。

　1-3. 將鹽倒入攪拌盆。

　1-4. 倒入水和麥芽精後，以低速6分鐘，中速2分鐘
　　　 進行攪拌。

　1-5. 完成麵團後，進行第一次發酵。

2. **第一次發酵**：選擇高溫發酵，或冷藏低溫發酵。

　2-1. 若採用高溫發酵，發酵條件為30℃，3小時。

　2-2. 若採用冷藏低溫發酵，發酵條件為5℃，12小
　　　 時，發酵完成後回復室溫的條件為26℃，2小
　　　 時。

　2-3. 完成第一次發酵。

3. **切割**：將麵團切割成330公克，兩塊。

4. **滾圓**。

5. **中間發酵**：時間為20分鐘。

6. **成形**：做成長15公分的橢圓形。

　6-1. 以手輕輕壓出氣泡，再利用擀麵棍來回將麵團擀
　　　 成長條狀。

　6-2. 將麵團兩側往中央折成鈴鐺狀。

　6-3. 由上往下捲緊。

　6-4. 封口整理麵團形狀。

　6-5. 成形階段完成。

7. **入模**：將成形完成的麵團以正面倒置放入籐籃。

8. **第二次發酵**：接下來在發酵條件溫度30~32℃，濕
　　　 度75%，1小時30分鐘，進行第二次發酵。

9. **烘烤前**：先將麵團置於鐵氟龍布上，並在麵團表面劃
　　　 出切痕。

10. **烘焙**：將烤箱以250℃預熱，噴灑蒸氣後180℃，
　　　 放入烘烤20分鐘。

花蟹濃湯

Crab Bisque

濃湯是格調滿分的高級餐廳絕對少不了的料理。按照個人喜好，
將各式甲殼類海鮮與利用熱油翻炒過的香草放入攪拌機攪碎，最
後佐以番茄的濃郁香氣。這道料理除了甲殼類海鮮富含有助大腦
發展的幾丁聚糖（chitosan），還有番茄中以有效抗氧化而廣為
人知的茄紅素，絕對是道營養均衡的美味料理。

1 小時
30 分鐘

4 人份

事前準備

麵粉 15 公克

奶油 15 公克

干邑白蘭地 23 公克

月桂葉 2 片

百里香 2 株

花蟹 2 隻

龍蝦頭 1 隻

牛番茄 3 顆

洋蔥 150 公克

紅蘿蔔 100 公克

芹菜 1 株

蒜 2 片

水 500 公克

鮮奶油 100 公克

橄欖油、牛奶、鹽、
胡椒 適量

一起做吧

1. 切去牛番茄蒂頭。

2. 在番茄表面劃上數刀，放入熱水汆燙後，去皮。

3. 將番茄切丁。

4. 洋蔥、紅蘿蔔、芹菜切成2公分大小。

5. 將蒜切片，放入平底鍋內以橄欖油翻炒。

6. 倒入洋蔥、紅蘿蔔、芹菜。

7. 倒入花蟹和龍蝦頭翻炒。

8. 翻炒海鮮的過程中，倒入干邑白蘭地點火（flambé）
   消除異味。

9. 倒入月桂葉和百里香。

10. 倒入番茄。

11. 倒入水。

12. 倒入鮮奶油和牛奶。

13. 備妥攪拌機。

14. 將煮熟的濃湯倒入攪拌機攪碎後，再以篩網過濾後，
    即可盛盤上桌。

Tips 倒入攪拌機前，可以先行搗碎放涼的濃湯，提升過濾
    效率。

15. 可準備同等份量的麵粉和奶油放入平底鍋內翻炒，製
    成奶油炒麵糊，有必要時調整濃湯濃度之用。

無花果鄉村麵包

Fig Pain de Campagne

鄉村麵包（Campagne），因法國作家雨果於創作小說《悲慘世界》書中主角尚萬強偷一條鄉村麵包救濟外甥而一「偷」成名。鄉村麵包雖是法國鄉村地方最常食用的麵包，但隨著都市人日益注重健康，也成了深受大家喜愛的養生麵包。添加紅酒與醃漬無花果後，中和麵包酸味，成了酸中帶甜的清新滋味。

無花果

1

2

3

4

5

6

麵團

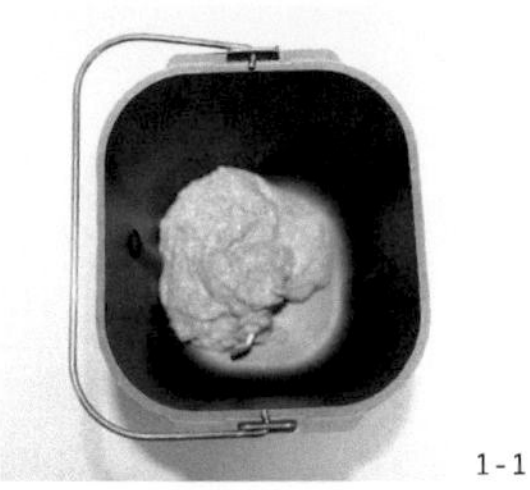

1-1

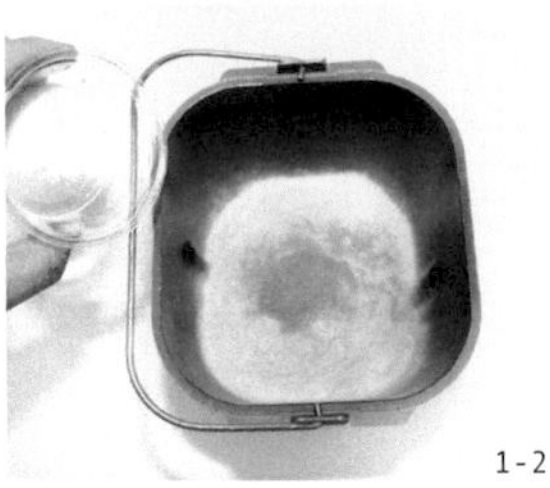

1-2

1-3

1-4

2-1

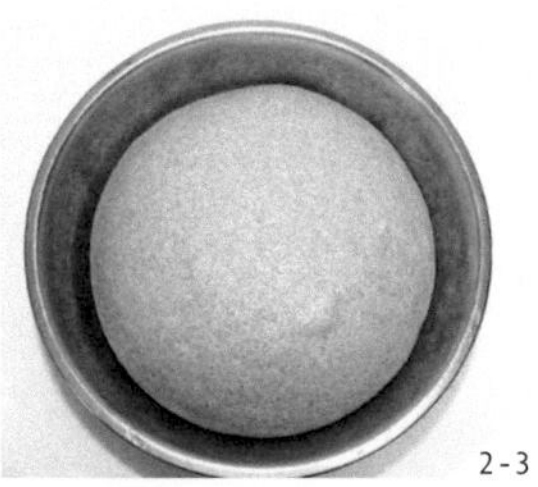

2-3

4

6-1

6-2

6-3

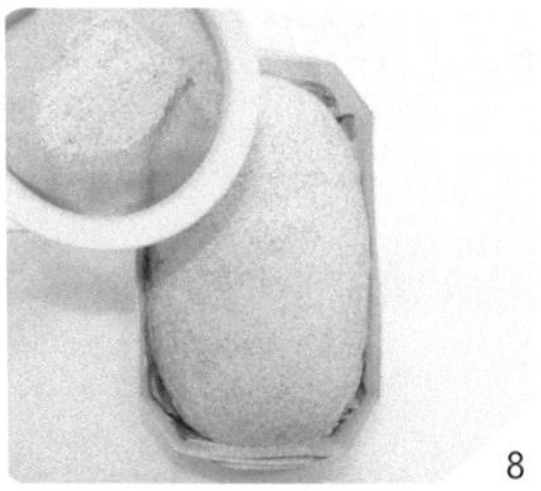

8

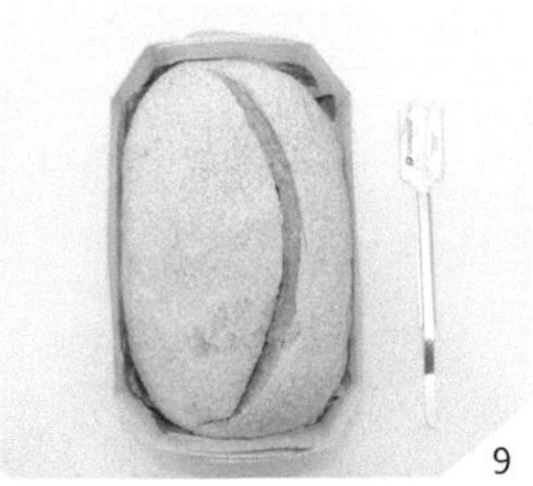

9

10

194

Recipe

6 小時
35 分鐘

2 個

無花果

事前準備	一起做吧
紅酒 150 公克	1. 備妥材料。
糖 110 公克	2. 將紅酒和糖倒入鍋內。
無花果乾 300 公克	3. 倒入無花果乾進行烹煮。
蘭姆酒 30 公克	4. 開始沸騰後，轉至小火燉煮。
	5. 開始變得濃稠時，可稍微放涼後，再倒入蘭姆酒。
	6. 以篩網過濾，瀝除多餘水分。

麵團

事前準備

高筋麵粉 275 公克
黑麥酸麵團 250 公克
糖 8 公克
鹽 5 公克
橄欖油 11 公克
水 111 公克

一起做吧

1. **麵團**：24℃（最後階段）

  1-1. 將黑麥酸麵團放入攪拌盆內。

  1-2. 倒入高筋麵粉、糖、鹽。

  1-3. 倒入水。

  1-4. 倒入橄欖油後，以低速6分鐘，中速4分鐘進行攪拌。

  1-5. 完成麵團後，進行第一次發酵。

2. **第一次發酵**：選擇高溫發酵，或冷藏低溫發酵。

  2-1. 若採用高溫發酵，則發酵條件為30℃，3小時。

  2-2. 若採用冷藏低溫發酵，則發酵條件為5℃，12小時，發酵完成後回復室溫的條件為26℃，2小時。

  2-3. 完成第一次發酵。

3. **切割**：將麵團切割成320公克，兩份。

4. **滾圓**。

5. **中間發酵**：時間為20分鐘。

6. **成形**。

  6-1. 成15公分的長條狀。

  6-2. 放上醃漬無花果後，捲成橢圓形。

  6-3. 封口整理麵團形狀。

7. **入模**：將成形完成的麵團，放入拋棄式麵包模中。

8. **第二次發酵**：條件是在溫度30~32℃，濕度75%，90分鐘。

9. **烘烤前**：將麵團置於鐵氟龍布上，並在麵團表面劃出切痕。

10. **烘焙**：將烤箱以250℃預熱，噴灑蒸氣後180℃，放入烘烤20分鐘。

醃菜

Pickle

醃菜就是以水、醋、糖、鹽、醃漬香料、胡椒粒等食材，搭配各式各樣的蔬菜醃漬而成。不過，務必特別注意一點，使用鹽醃漬蔬菜後，為了防止其中的鈣流失，建議將蔬菜切成適當大小，即時食用為佳。只要將蔬菜倒入事先準備好的醃製湯汁中浸泡三天左右，即可享受口感清脆的新鮮醃菜。

5 小時　10 人份

事前準備

水 700 公克
醋 180 公克
糖 220 公克
雪花鹽 30 公克
月桂葉 2 片
醃漬醬料 2 公克
胡椒粒 1 公克
各種蔬果

一起做吧

1. 備妥所有材料。
2. 將除了各式蔬果以外所有材料放入鍋內煮熟，完成醃漬湯汁。
3. 摘除番茄蒂頭，並在表面劃上數刀，放入熱水氽燙後，去皮。
4. 將櫻桃蘿蔔削去外皮，切成長塊，浸泡在以100公克的水和鹽10公克調成的鹽水，完成脫水後，洗淨備用。
5. 將紫洋蔥切圈。
6. 將蒜苗切成長5公分大小。
7. 將花椰菜切成小朵。
8. 將球芽甘藍切半。
9. 將大頭菜去皮後，和蘿蔔分別切成長5公分大小。
10. 將紫甘藍切成3公分大小。
11. 將芒果去皮，去籽後，切成3公分大小。
12. 將切好的蔬果，放進瓶中後，倒入步驟2事先完成的醃漬湯汁，靜置兩天即可享用。

Tips 當蔬菜太薄時，會使該部分變得特別鹹，因此不要切得太細緻，留有一點厚度為佳。

Tips 除了小黃瓜、蘿蔔是醃菜的基本選擇外，蒜苗、大頭菜、花椰菜、紫甘藍、芒果、香菇、茄子、洋蔥等，都可以製成醃菜。

鯖魚帕尼尼

Mackerel Panini

背部呈青色的鯖魚，富含能有效改善心血管疾病的 EPA，以及
刺激大腦發展的 DHA 等生理活性成分。因此，只要善用紅酒與
醃漬無花果中和海鮮腥味，搭配口感滿分的鄉村麵包帕尼尼，即
完成一道美味料理。

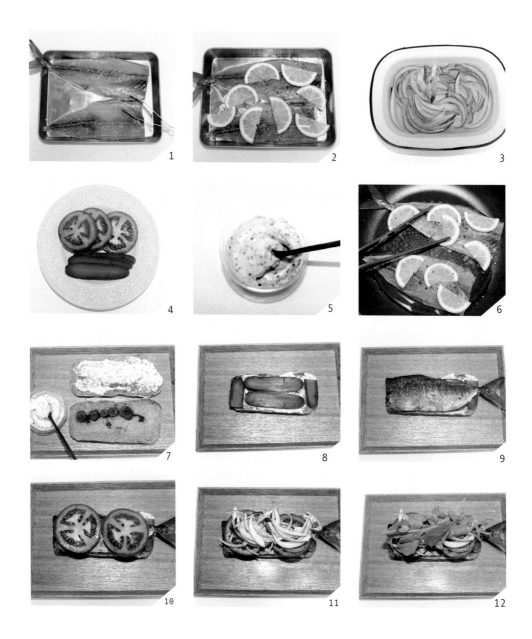

15 分鐘　1 人份

事前準備

無花果鄉村麵包 2 片

紫洋蔥 70 公克

美乃滋 25 公克

顆粒芥末醬 5 公克

芝麻葉 10 公克

醃黃瓜 55 公克

鯖魚 半條

檸檬 半顆

初榨橄欖油 30 公克

鹽、胡椒 適量

牛番茄 1 個

一起做吧

1. 將鯖魚切片後，去除魚刺。

2. 以鹽、胡椒、檸檬、橄欖油醃製鯖魚。

Tips 醃製後，不僅能去除異味，肉質也會變得較軟嫩。

3. 將紫洋蔥切絲後，放入冷水浸泡。

4. 將牛番茄切圈，醃黃瓜切片，放在一旁備用。

5. 取一只碗，放入適量的美乃滋和顆粒芥末醬，均勻攪
　拌製成醬料。

6. 香煎鯖魚。

7. 將步驟5做好的醬料塗抹於無花果鄉村麵包上。

8. 依序放上切好的醃黃瓜。

9. 放上鯖魚。

10. 放上切好的番茄。

11. 放上瀝乾的紫洋蔥。

12. 放上芝麻葉後，即可享用。

法式黑麥麵包

Pain de Seigle

使用至少 65% 的黑麥麵粉製成黑麥麵包。為了提高發酵能力，
以增加麵包體積，特地將濃度較稀的黑麥酸麵團和入主要麵團，
接著再加入麵粉，不僅能使麵包內裡變得鬆軟，麵包整體也會變
得較輕盈。

28 小時
45 分鐘

2 個

事前準備

前置麵團 1

黑麥麵粉 60 公克

水 35 公克

前置麵團 2

高筋麵粉 150 公克

黑麥酸麵團 75 公克

水 68 公克

主要麵團

高筋麵粉 127 公克

黑麥酸麵團 100 公克

鹽 5 公克

水 42 公克

橄欖油 8 公克

一起做吧

1. **前置麵團1**：自解法（Autolyse）狀態
   - 1-1. 麵團溫度：26℃（備妥所有食材）。
   - 1-2. 用手將麵團1搓揉成團。
   - 1-3. 於室溫環境靜置一天。

2. **前置麵團2**：麵種（Levain Dur）
   - 2-1. 麵團溫度：24℃（備妥所有食材）。
   - 2-2. 用攪拌機將麵團2搓揉成團後，裝進塑膠袋內，待其發酵。
   - 2-3. 採用冷藏熟成法，冷藏熟成的條件是5℃，放置一天。

3. **主要麵團**：24℃（拾起階段Pick-up Stage）
   - 3-1. 放入黑麥酸麵團。
   - 3-2. 倒入高筋麵粉。
   - 3-3. 倒入鹽。
   - 3-4. 倒入水。
   - 3-5. 倒入橄欖油後，以低速7分鐘進行攪拌。
   - 3-6. 與事先備妥的兩種麵團均勻攪拌即可。

4. **第一次發酵**：選擇高溫發酵，或冷藏低溫發酵。
   - 4-1. 高溫發酵：24℃，1小時。
   - 4-2. 冷藏低溫發酵：5℃，12~72小時→回復室溫：26℃，1~2小時。
   - 4-3. 完成第一次發酵。

5. **切割**：310公克，2個。

6. **滾圓**。

7. **中間發酵**：10分鐘。

8. **成形**：再次輕輕滾圓後，放入發酵籐籃。

9. **第二次發酵**：溫度28℃，濕度75％，1小時20分鐘。

10. **烘焙前**：將麵團置於鐵氟龍布上，並在麵團表面劃出切痕。

11. **烘焙**：烤箱溫度250℃，噴灑蒸氣後調為200℃，烤25分鐘。

美式肉餅

Meatloaf

美式肉餅（Meatloaf）中的「loaf」一詞，即指「一條麵包」，是以混合浸泡過牛奶的天然酵母麵包、蔬菜、雞蛋的絞肉，製成吐司形狀的料理。麵團發酵時，當中富含的有機酸，不僅能大幅提升牛肉、豬肉、牛奶、蔬菜、雞蛋的味道，還能有效促進消化。

1 小時　2 人份

事前準備

牛肉 300 公克

糖 A 15 公克

豬肉 300 公克

法式黑麥麵包 100 公克

香菇 40 公克

洋菇 45 公克

蒜 2 顆

蛋 1 顆

洋蔥 300 公克

牛奶 100 公克

番茄汁 75 公克

義大利洋香菜 7 公克

鹽、胡椒 適量

糖 B 15 公克

伍斯特醬 10 公克

番茄醬 70 公克

一起做吧

1. 將香菇、洋菇切成0.5公分大小。

2. 將洋蔥切碎。

3. 將橄欖油倒入平底鍋內，用以翻炒步驟1、2。

4. 備妥牛奶與法式黑麥麵包。

5. 將牛奶倒入麵包，使麵包浸濕成麵糊狀。

Tips 浸濕的麵包除了扮演增稠劑的角色，還能鎖住料理的
水分。

6. 將牛肉、豬肉放入攪拌盆備用。

7. 將濕麵糊放入攪拌盆。

8. 將香菇和洋蔥放入攪拌盆。

9. 將蛋和蒜片放入攪拌盆。

10. 將義大利洋香菜放入攪拌盆。

11. 加入糖A、鹽、胡椒調味，均勻搓揉食材。

12. 將肉醬倒入鋪好鐵氟龍布的長條慕斯模（半月型）。

13. 放入烤箱，以180℃烘烤35分鐘。

14. 均勻攪拌伍斯特醬、糖B、番茄汁、番茄醬，製成醬
料。

15. 從模具中取出烤熟的肉醬，塗抹醬料後，即可享用。

番茄醬

Tomato Sauce

在義大利人認為最美味的聖馬爾扎諾番茄與羅勒裡，添加各式種類和比例的橄欖油製成淋醬，便是洋溢異國風情的特色番茄醬。

事前準備	一起做吧
事前準備	**一起做吧**

事前準備

整顆去皮番茄 245 公克

新鮮羅勒 3 公克

洋蔥 50 公克

蒜 2 顆

鹽 2 公克

乾奧勒岡 1 公克

橄欖油 10 公克

胡椒 適量

一起做吧

1. 將橄欖油倒入平底鍋，翻炒洋蔥末和蒜片。
2. 以攪拌機攪碎去皮番茄，或用手搗碎。
3. 另取一個鍋子，將步驟1混合步驟2。
4. 加入乾奧勒岡後，加入鹽、胡椒調味。
5. 加入新鮮羅勒。
6. 煮至沸騰後，熄火即可。

淡菜義大利
筆管麵

Mussel Pasta

淡菜雖是價格低廉的海鮮,卻擁有極高的營養價值,尤以其高含量的維生素 D,具有預防骨質疏鬆、補血等功效,富含的多樣化生理活性成分,對舒緩疲勞更有著絕佳效果。搭配法式黑麥麵包一起享用,可謂是色、香、味、營養俱全的一餐。

40 分鐘　4 人份

事前準備

筆管麵 100 公克
淡菜 400 公克
水 1000 公克
鹽 30 公克
白酒 15 公克
番茄汁 240 公克
淡菜 240 公克
新鮮羅勒 6 片
紫洋蔥 40 公克
聖女番茄 8 顆
蒜 4 顆
水 適量
鹽、胡椒 適量

一起做吧

1. 將蒜切片。
2. 將聖女番茄切半。
3. 將洋蔥切丁成1公分大小。
4. 將淡菜清理乾淨。
5. 將筆管麵放入以1000公克的水和30公克鹽，均勻混
   合調製成的鹽水中，烹煮12分鐘。

Tips 筆管麵就是外形如同筆管的義大利短麵，擁有麵管
   中空和斜切角的特色，利於吸收醬汁。

6. 將橄欖油倒入鍋中，用以翻炒蒜片。
7. 翻炒紫洋蔥。
8. 倒入淡菜，翻炒至熟透為止。
9. 倒入白酒點火（flambé）。
10. 倒入水。
11. 倒入番茄汁和麵。
12. 靜待筆管麵吸飽醬汁後，放入新鮮羅勒和聖女番
    茄，並以鹽、胡椒調味即可。

黑麥酸麵團
吐司

Rye Sourdough Tin Bread

用黑麥天然發酵形成黑麥酸麵團，萃取微生物產出的有機酸，製作酸氣濃郁的麵包。當酸氣濃郁的麵包遇見搭配料理時，便能完美分解肉類蛋白質，有效提升消化率。

7 小時　2 個

事前準備

高筋麵粉 500 公克

黑麥酸麵團 500 公克

鹽 12 公克

糖 30 公克

橄欖油 25 公克

蛋 50 公克

奶粉 15 公克

水 175 公克

一起做吧

1. **麵團**：27℃（最後階段）

　1-1. 將黑麥酸麵團放入攪拌盆內。

　1-2. 依序倒入高筋麵粉、奶粉、糖。

　1-3. 倒入鹽。

　1-4. 倒入蛋和水。

　1-5. 倒入橄欖油後，以低速6分鐘，中速4分鐘攪拌。

　1-6. 完成麵團後，進行第一次發酵。

2. **第一次發酵**：選擇高溫發酵，或冷藏低溫發酵。

　2-1. **高溫發酵**：27℃，3小時。

　2-2. **冷藏低溫發酵**：5℃，12小時→回復室溫：26℃，2
　　　小時。

　2-3. 完成第一次發酵。

3. **切割**：220公克，2份。

4. **滾圓**。

5. **中間發酵**：20分鐘。

6. **成形**：山峰形。

　6-1. 以手輕輕壓出氣泡，再利用擀麵棍來回將麵團擀成長
　　　條狀。

　6-2. 轉為橫向，以目測將麵團分為三等份後，由左向中
　　　央折。

　6-3. 由右向中央折。

　6-4. 由上至下捲緊。

7. **入模**：一個烤盤內放進三塊麵團（2份共六塊）

8. **第二次發酵**：溫度27℃，濕度85%，2小時。

9. **烘烤**：烤箱以180℃烘烤30分鐘。

Tips 當酸氣濃郁的有機酸溶解麵團的麥穀蛋白時，會減弱發
酵微生物生成氣體的能力，對麵包體積產生負面影響。
因此，相較於其他酸麵團製成的麵包，黑麥麵包的體積
較小而重。

鑲餡花枝

Calamari Ripieni

義大利風格的韓式血腸。含有大量牛磺酸的花枝能有效緩解疲勞，再鑲入各種翻炒過的蔬菜與馬鈴薯泥為餡。酸麵團吐司與馬鈴薯泥巧妙地合而為一，不僅增添料理風味，甚至扮演了促進消化的重要角色。

1 小時　2 人份

事前準備

紅椒 130 公克
黃椒 110 公克
花枝 2 隻
馬鈴薯 550 公克
黑麥吐司 1 片
帕馬森起司 15 公克
紅洋蔥 40 公克
芹菜 10 公克
義大利洋香菜 10 公克
鹽、胡椒 適量
番茄醬 180 公克

一起做吧

1. 將馬鈴薯洗淨後，切成四等分，放入蒸籠蒸熟，或裝進塑膠袋以瓦斯爐煮熟。
2. 將黑麥吐司放入攪拌機內磨碎成麵包糊。
3. 將蔬菜切成0.5公分大小，放入平底鍋，以熱油翻炒。
4. 將煮熟的馬鈴薯搗碎，並以鹽、胡椒調味。
5. 倒入炒好的蔬菜。
6. 倒入義大利洋香菜、帕馬森起司後，均勻攪拌。
7. 倒入麵包糊。
8. 將餡料塞入花枝內。
9. 將番茄汁倒入鍋內後，放入花枝進行烘烤（250℃，25分鐘）。

Tips 烤花枝時，餡料可能因收縮而外漏。烘烤前，如能稍微汆燙花枝再塞入餡料，可避免這種情形產生。

Tips 番茄醬的做法，請參考本書p.216。

香草烤羊排

Herb Crusted Lamb

能夠有效舒緩疲勞的羊肉，含有大量必需胺基酸，只要稍微煎烤，再搭配天然酵母黑麥麵包，以及按照個人喜好，善用各種香草、洋蔥、蒜、橄欖油製成的香草淋醬，即完成一道美味的香草烤羊排。黑麥麵包的酸味能使烘烤後的香草羊排肉質變得更軟嫩，倍添料理風味。

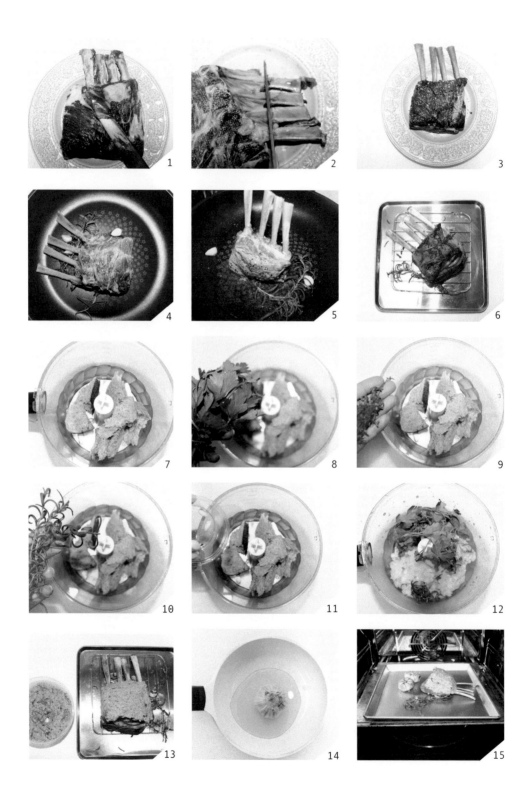

40 分鐘　　3 人份

事前準備

羊排 350 公克

黑麥吐司 半片

義大利洋香菜 20 公克

百里香 1 公克

蒜 3 顆

洋蔥 50 公克

迷迭香 3 枝

鹽、胡椒 適量

裝飾用整顆大蒜 2 顆

一起做吧

1. 利用廚房紙巾將羊排血水擦乾淨後，去筋。

2. 去除骨頭上的筋膜。

3. 以鹽、胡椒調味。

4. 將蒜、迷迭香放入平底鍋內，以大火煮熟羊排表面。

5. 翻轉羊排，將每一面煮熟。

6. 將羊排靜置於瀝油架上。

Tips 靜置的這段時間是為了讓熱能均勻傳導，增添羊排
美味。

7. 將黑麥吐司撕碎後，放入攪拌機內。

8. 倒入義大利洋香菜。

9. 倒入百里香。

10. 倒入迷迭香。

11. 倒入蒜。

12. 將攪拌機內的所有食材磨碎後，以鹽、胡椒調味，
製成香草淋料。

13. 以香草淋料均勻塗抹羊排表面後，放入烤箱，以
250℃烘烤10分鐘。

14. 切除整顆大蒜的上半部，露出橫切面，放入平底鍋
內煎烤至變色後，即可與羊排一起放入烤箱烘烤。

15. 亦可按照個人口味，調整烘烤的時間長度。

雞肉陶罐派

Chicken Terrine

Terrine 意指「陶罐」。精選雞胸肉，以及按照個人喜好添加各種食材，最後與天然酵母麵包一起利用攪拌機攪拌後，放入模具煮熟即可。天然酵母麵包，不僅扮演了增稠劑、嫩肉劑、香料等多重角色，更是促進吸收的重要功臣，無疑是既重量，亦重質的美味佳餚。

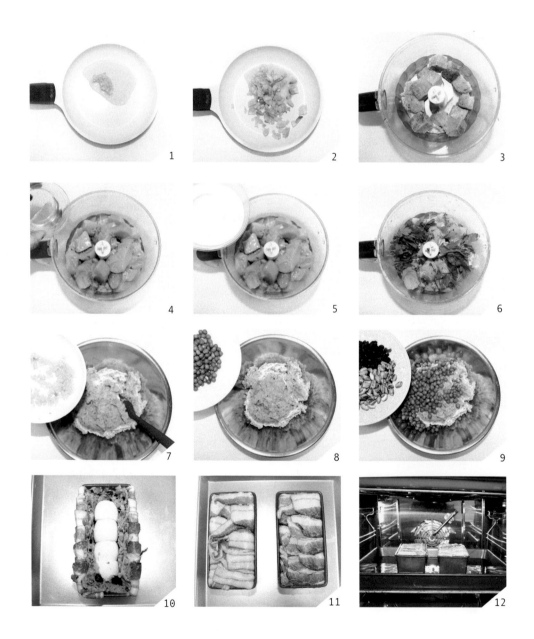

1 小時
20 分鐘

8 人份

事前準備

豌豆 150 公克

蔓越莓 100 公克

開心果 70 公克

雞胸肉 400 公克

培根 400 公克

義大利洋香菜 15 公克

鮮奶油 50 公克

吐司 1 片

紅蔥 3 顆

蒜 2 顆

干邑白蘭地 5 公克

牛奶 50 公克

鹽、胡椒 適量

熱水 適量

一起做吧

1. 將油倒入平底鍋內，用以翻炒蒜末。

2. 翻炒切碎的紅蔥。

3. 將吐司撕碎後，放入攪拌機內。

4. 倒入剁碎的雞胸肉、干邑白蘭地。

5. 倒入鮮奶油、牛奶。

6. 倒入義大利洋香菜後，利用攪拌機磨碎所有食材。

7. 將磨碎的步驟6放入大碗，倒入炒過的蒜末和紅蔥。

8. 倒入豌豆。

9. 倒入開心果、蔓越莓後，以鹽、胡椒調味，拌勻。

10. 將雞肉餡料倒入鋪好培根的吐司模具，亦可添加半熟蛋。

11. 再次調整雞肉餡料的份量與位置後，以培根裹覆。

12. 將熱水倒入烤盤至半滿位置後，放入吐司模，即可利用烤箱以150℃、30分鐘進行第一次烘烤，接著降低溫度，以120℃、30分鐘進行第二次烘烤。

Tips 只要烤箱內的溫度達70℃，便能完成肉質不乾硬的雞肉料理。

06

黑麥核桃麵包

Pain au Noix Seigle

Seigle，在法文中意指「黑麥」。想要補足黑麥較其他穀物難消化的缺點，不妨透過黑麥酸麵團的形式，善用不同比例配方，完成多樣的黑麥麵包。除了黑麥獨有的濃郁酸氣外，也可添加味道清爽的核桃，提升麵包風味。

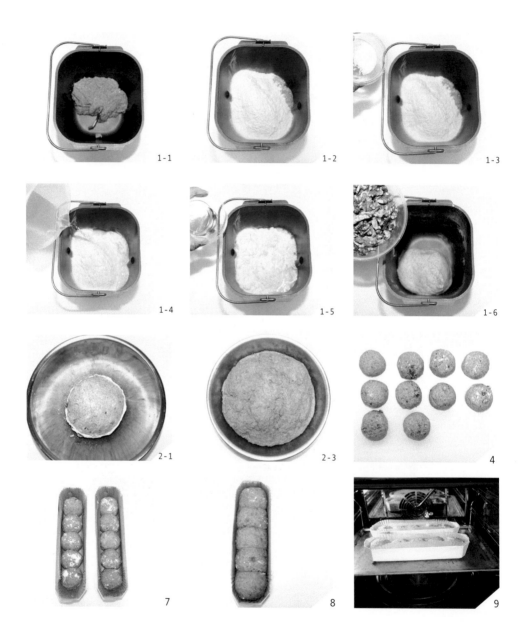

5 小時
20 分鐘

2 個

事前準備

高筋麵粉 250 公克

黑麥酸麵團 250 公克

鹽 6 公克

橄欖油 8 公克

水 112 公克

核桃 80 公克

一起做吧

1. **麵團**：24℃（最後階段）

　1-1. 將黑麥酸麵團放入攪拌盆內。

　1-2. 倒入高筋麵粉。

　1-3. 倒入鹽。

　1-4. 倒入水。

　1-5. 倒入橄欖油後，以低速6分鐘，中速2分鐘進行攪拌。

　1-6. 倒入核桃後，以低速均勻攪拌。

　1-7. 完成麵團後，進行第一次發酵。

2. **第一次發酵**：選擇高溫發酵，或冷藏低溫發酵。

　2-1. 高溫發酵：24℃，120分鐘。

　2-2. 冷藏低溫發酵：5℃，12小時→回復室溫：26℃，120分鐘。

　2-3. 完成第一次發酵。

3. **切割**：68公克，10份。

4. **滾圓**。

5. **中間發酵**：20分鐘。

6. **成形**：圓形。

7. **入模**：將成形完成的麵團放入拋棄式麵包模。（5個麵團／模）

8. **第二次發酵**：溫度32℃，濕度75%，90分鐘。

9. **烘烤**：烤箱溫度250℃，噴灑蒸氣後調為200℃，烤20分鐘。

紅蘿蔔醬

Carrot Jam

紅蘿蔔是含有最多 β - 胡蘿蔔素的蔬果，對舒緩眼睛疲勞、促進腸胃健康、預防老化都具有相當顯著的效果。自家製作的紅蘿蔔醬與市面販售的商品不同，不僅能實在吃到蔬果顆粒，當塗抹於天然酵母麵包一起享用時，更可利用熱油翻炒紅蘿蔔的烹調方式，吸收同等份量的 β - 胡蘿蔔素。

1

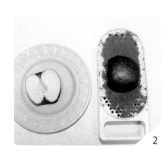

2

3

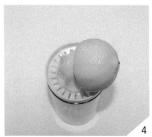

4

5

事前準備

紅蘿蔔 270 公克

蘋果 200 公克

糖 50 公克

檸檬汁 10 公克

鹽 適量

一起做吧

1. 以磨泥器將紅蘿蔔磨成泥。

2. 以磨泥器將蘋果磨成泥。

3. 將紅蘿蔔泥、蘋果泥、鹽、糖放入鍋內煮熟。

4. 放涼後,擠入檸檬汁。

Tips 除了加入檸檬汁殺菌外,隨著蔬果醬的糖量越多, 越能延長保存期限。

5. 完成紅蘿蔔醬。

黑橄欖醬

Tapenade

強烈酸氣和粗糙質地,無疑是天然酵母麵包不可避免的缺點。為了改善上述缺點,增添麵包風味,可以使用黑橄欖、酸豆、蒜、香草、橄欖油等食材製成沾醬;只要以麵包佐沾醬享用,便能享受煥然一新的絕妙滋味。

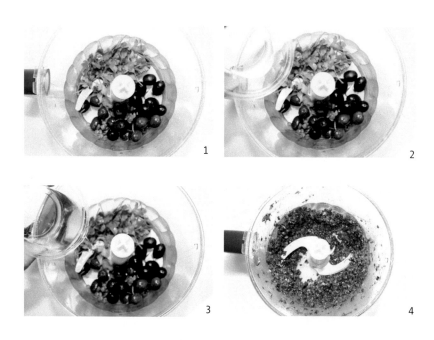

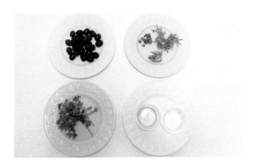

事前準備

黑橄欖 200 公克

迷迭香 2 公克

蒜 3 顆

酸豆 15 公克

義大利洋香菜 3 公克

檸檬汁 2 公克

橄欖油 20 公克

一起做吧

1. 將洗淨的黑橄欖、迷迭香、蒜、酸豆、義大利洋香菜等各種材料擦乾後，倒入攪拌機。

2. 倒入檸檬汁。

3. 倒入橄欖油。

4. 將所有食材以攪拌機磨碎，即完成黑橄欖醬。

Tips 由於黑橄欖已是醃製品，所以不加鹽也無妨。口味較清淡的人，可以選擇用水稍微沖洗黑橄欖，或添加堅果類，降低鈉含量。

奇亞籽布丁

Chia Seed Pudding

奇亞籽是鼠尾草的種子，富含鎂、鉀、Omega-3 等生理活性成
分，以及能有效預防便祕、排解體內毒素、促進血液循環的纖維
素等。此外，只要放入水中，便能膨脹十倍以上的特性，若能加
上天然酵母麵包一起享用的話，絕對是塑身時的不二之選。

35 分鐘　2 人份

事前準備	一起做吧

事前準備

豆奶 190 公克
奇亞籽 50 公克
可可粉 7 公克
香蕉 半根
開心果 3 公克
整顆杏仁 15 公克
蜂蜜 50 公克

一起做吧

1. 將奇亞籽倒入豆奶，均勻攪拌後，放進冰箱冷藏至少 30分鐘。
2. 亦可選擇添加可可粉，製成巧克力口味。
3. 將杏仁倒入烤盤後，均勻灑滿蜂蜜後，放入烤箱，以 200℃，烘烤12分鐘。
4. 將香蕉切片備用。
5. 從冰箱取出凝固的奇亞籽布丁後，撒上杏仁。
6. 將香蕉和開心果放入巧克力奇亞籽布丁。

Tips 當奇亞籽浸泡於豆奶時，體積會膨脹十倍以上，務必選擇適當容器盛裝。喜歡甜味的人，不妨添加適量楓糖、龍舌蘭蜜、蜂蜜。

Chapter 4

飲品

排毒果汁

Detox juice

以滾水稍微汆燙高麗菜、芹菜、菠菜、蘆筍、羽衣甘藍等蔬菜後，
便能於不破壞其營養的同時，消滅致病微生物、黴菌、蛔蟲。將
多樣蔬菜搭配以食醋清洗過的蘋果，一起放入攪拌機攪碎後，放
入冰箱三天，即可藉由冷藏熟成法，完成美味的排毒果汁。

事前準備

高麗菜 200 公克
芹菜 100 公克
菠菜 90 公克
蘆筍 90 公克
羽衣甘藍 100 公克
蘋果 1 顆

一起做吧

1. 將所有食材洗淨後，擦乾水分備用。

Tips 同時去除蘆筍較硬的莖枝。

2. 將蔬菜稍作汆燙後，放入攪拌機攪碎。

Tips 飲用排毒果汁，能有效幫助改善腸胃問題、加強免疫力、塑身、養顏美容。

草莓果汁

Strawberryade

以攪拌機均勻攪拌時令水果與氣泡水，製成果汁。搭配天然酵母麵包一起享用時，水果的糖分與麵包的有機酸，可以有效促進腸道益菌繁殖，使腸胃感到輕鬆零負擔。

事前準備

草莓 250 公克
氣泡水 80 公克
楓糖或蜂蜜 適量
醋 1 大匙

一起做吧

1. 將草莓洗淨。

Tips 草莓蒂頭上的細毛容易導致細菌滋生，因此建議摘
　　除蒂頭後，將草莓放入添加 1 大匙食用醋的水中浸
　　泡一分鐘，再以清水洗淨。

2. 將草莓和氣泡水放入攪拌機攪碎，也可按照個人口
　 味，添加楓糖或蜂蜜飲用。

莓果優格
格蘭諾拉麥片
Berries And Yogurt Granola

格蘭諾拉麥片，是指按照個人喜好，將各式各樣的穀類與糖漿均勻攪拌而成。不過，雖然甜滋滋的穀類十分討喜，卻仍存在堅硬穀類難以消化的問題。因此，如果能搭配莓果和原味優格一起食用，不僅口感滑順許多，也較易消化。

事前準備

紅加侖 17 公克
蔓越莓 30 公克
覆盆子 40 公克
藍莓 20 公克
薄荷葉 3 片
原味優格 200 公克
格蘭諾拉麥片 30 公克

一起做吧

1. 備妥所有材料。

2. 將原味優格倒入碗內，添加格蘭諾拉麥片、各類莓
   果、薄荷葉一起享用。

Tips 亦可將使用其他穀類製成的天然酵母麵包烤成脆硬
   麵包片後，切成細片放入優格，取代格蘭諾拉麥片。
   如此一來，除了優格具有加強吸收的優點外，只要
   事先備妥材料，即可不慌不忙完成一道營養早餐。

香蕉醋

Banana Vinegar

為了有效吸收香蕉內含大量能幫助排解體內毒素的抗氧化物，不妨試著將粗糖加入醋內，靜待低溫發酵完成成品。藉由香蕉醋富含的有機酸和礦物質，舒緩疲勞、分解體脂肪、排毒、改善肌膚問題等。

事前準備

柿子醋 100 公克
粗糖 30 公克
香蕉 100 公克

一起做吧

1. 消毒容器。

Tips 將容器與冷水一起煮沸,才能既避免容器破裂,又
完成消毒作業。

2. 將粗糖與香蕉分層疊放。

Tips 未經精煉的天然蔗糖,即為「粗糖」。

3. 倒入柿子醋,放進冰箱冷藏至少兩週,靜待低溫發
酵後,即可稀釋飲用。

05

藍莓印度優格

Blueberry Lassi

Lassi 是印度傳統飲料。藍莓富含強而有力的抗氧化物——花青素，原味優格則擁有豐富乳酸菌和乳酸，只要利用攪拌機將兩者均勻攪碎後，以冷藏的方式發酵，即可有效提升吸收率。

事前準備

冷凍藍莓 200 公克
原味優格 100 公克

一起做吧

1. 待冷凍藍莓退冰至表面呈薄冰狀態。

Tips 相較於新鮮藍莓，冷凍過的藍莓含有濃度更高的抗
　　　氧化物質——花青素。

2. 將原味優格放入攪拌機攪碎。

3. 將完成的印度優格放進冰箱冷藏至少一天，待低溫
　　發酵後，即可飲用。

南瓜甜酒

*A Sweet Drink Made From Fermented Rice
And Sweet Pumpkin*

在有「韓國街」稱號的新北市永和區中興街，可以買到韓國傳統
飲料——甜米酒，善用它在釀造過程會產生大量酵素的特性，提
升人體吸收南瓜富含的 β - 胡蘿蔔素，以及麥芽發酵萃取物富含
維生素 B、葉酸、寡醣等營養物質。因此，南瓜甜酒又被稱為「點
滴飲料」。

8 小時
以上　3 人份

事前準備

南瓜 100 公克
麥芽 30 公克
粳米 40 公克
糖 60 公克
水 1000 公克
鹽 適量

一起做吧

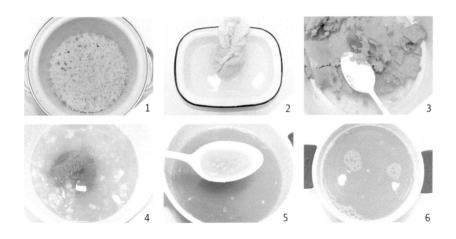

1. 以粳米製作釀酒飯。

2. 製作麥芽水。

Tips 將麥芽裝入紗布袋，浸泡於水中並以手搓揉，即會生成液體；靜置至少 30 分鐘後，
倒出清澈部分使用。假如使用含沉澱物的部分，成品色澤會變黑。

3. 將南瓜放入蒸籠蒸熟後，利用細孔篩網磨成泥狀。

4. 將釀酒飯、清澈麥芽水、南瓜、糖放入釀酒飯桶至少 5 小時，待其發酵。

5. 待飯粒浮起，即可添加適量的鹽調味。

6. 以篩網過濾飯粒後，放入冰箱冷藏。

Tips 韓國甜米酒（食醯）會與飯粒一起食用，南瓜甜酒則會先過濾飯粒，僅飲用液體
部分。

07

納豆奶昔

Natto Shake

奶昔，是將各種副材料加入牛奶與冰淇淋後，攪碎製成的飲料，
搭配含有豐富膳食纖維的納豆，具預防肥胖、抗癌、舒緩便祕等
功效。

事前準備

牛奶 200 公克
納豆 50 公克
香蕉 1 根
優格冰淇淋 60 公克

一起做吧

1. 將納豆放入攪拌機。

Tips 納豆不耐高溫，生食風味較佳。

2. 將香蕉切成厚 0.5 公分大小後，放入攪拌機。

Tips 可以添加適量蜂蜜、糖、楓糖調整甜度。

3. 將優格冰淇淋和牛奶倒入攪拌機絞碎後，放入冰箱
   冷藏至少一 天，待低溫熟成即可。

五味子酵素

Fruit of Maximowiczia Typica

擁有酸、甜、苦、辣、鹹五種味道的五味子，對改善支氣管炎、
心血管疾病、胃酸過多、視力、大腦發展等症狀都具有極佳功效。
只要搭配醋與果寡糖，一起放入冰箱冷藏熟成，即可強化五味子
的活性。

Recipe

事前準備

五味子 100 公克
果寡糖 30 公克
柿子醋 100 公克
檸檬汁 5 公克

一起做吧

1. 將五味子倒入果寡糖和柿子醋內，均勻攪拌。

Tips 由於酵素優劣會對活性產生影響，建議選用天然發酵醋。

2. 擠入檸檬汁。

3. 置於常溫熟成一天後，放入冰箱冷藏至少兩周，待低溫熟成即可。

Tips 以約 1：5 的比例加水稀釋即可飲用。

09

紅柿優格果昔

Persimmon Smoothie

柿子含有豐富的維生素 A、維生素 C、單寧、鉀，對預防感冒、動脈硬化、高血壓、舒緩宿醉、消除疲勞等，都有很好的效果。為了讓柿子進入人體時，能完整發揮其功效，因此選擇搭配富含乳酸的優格。只要利用攪拌機將兩者均勻攪碎後，放入冰箱冷藏，靜待發酵即可。

事前準備

柿子 3 顆
優格冰淇淋 60 公克
原味優格 40 公克

一起做吧

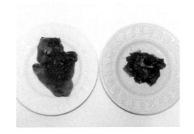

1. 去除柿子的皮、蒂頭、籽。

Tips 由於酵素優劣會對活性產生影響，建議選用天然發
酵醋。

2. 將稍軟的柿子果肉與優格和優格冰淇淋放入攪拌機
攪碎。

3. 將完成的果昔放入冰箱冷藏至少1天，待低溫發酵即
可。

10

青葡萄小麥草果汁

Wheatgrass Juice

富含檸檬酸、β-胡蘿蔔素、鉀、膳食纖維等營養的青葡萄,扮演改善貧血、骨質疏鬆、便祕、消除疲勞等多樣角色。如果可以搭配含有大量酵素的小麥草,利用攪拌機將兩者均勻混合,以低溫熟成的方式製成飲料,便能使青葡萄的營養價值達到最大化。

1 天
以上

1 人份

事前準備

青葡萄 150 公克
氣泡水 適量
小麥草 4 公克
蘇打粉 0.5 大匙
水 1000 公克
醋 1 大匙

一起做吧

1. 將青葡萄洗淨,並將些許氣泡水倒入攪拌機。

Tips 利用半匙蘇打粉清洗青葡萄後,將其浸泡於醋水(水 1000 公克水＋1 大匙醋)內約 5 分鐘後,以清水沖洗乾淨。

2. 將小麥草放入攪拌機攪碎。

3. 將完成的果汁放入冰箱冷藏至少一天,待低溫發酵完成,即可飲用。

烘焙餐桌

麵包機輕鬆做 x 天然酵母麵包 x 地中海健康料理

SANYAU
http://www.ju-zi.com.tw
三友圖書
友直 友諒 友多聞

作　　　者　金采泳
審　訂　者　金昌碩
譯　編　者　王品涵
編　　　輯　翁瑞祐
校　　　對　鄭婷尹、邱昌昊
美 術 設 計　曹文甄

發　行　人　程安琪
總 策 畫　程顯灝
總　編　輯　呂增娣
主　編　翁瑞祐、羅德禎
　　　　　　鄭婷尹、黃馨慧
美 術 主 編　劉錦堂
美術編輯　曹文甄
行銷總監　呂增慧
資深行銷　謝儀方
行銷企劃　李　昀

發　行　部　侯莉莉
財　務　部　許麗娟、陳美齡
印　務　許丁財
出　版　者　橘子文化事業有限公司

總　代　理　三友圖書有限公司
地　　　址　106台北市安和路2段213號4樓
電　　　話　(02) 2377-4155
傳　　　真　(02) 2377-4355
E - m a i l　service@sanyau.com.tw
郵 政 劃 撥　05844889 三友圖書有限公司

總　經　銷　大和書報圖書股份有限公司
地　　　址　新北市新莊區五工五路2號
電　　　話　(02) 8990-2588
傳　　　真　(02) 2299-7900

製 版 印 刷　鴻嘉彩藝印刷股份有限公司

初　　　版　2017年05月
定　　　價　新台幣420元
Ｉ Ｓ Ｂ Ｎ　978-986-364-103-2（平裝）

國家圖書館出版品預行編目 (CIP) 資料

烘焙餐桌：麵包機輕鬆做 x 天然酵母麵包 x 地
中海健康料理／金采泳著；金昌碩審；王品涵譯.
-- 初版 . -- 臺北市：橘子文化，2017.05
面；　公分

ISBN 978-986-364-103-2（平裝）

1. 點心食譜 2. 麵包 3. 果菜汁
427.16　　　　　　　　　　　106006420

親愛的讀者：

感謝您購買《烘焙餐桌：麵包機輕鬆做 x 天然酵母麵包 x 地中海健康料理》一書，為感謝您對本書的支持與愛護，只要填妥本回函，並寄回本社，即可成為三友圖書會員，將定期提供新書資訊及各種優惠給您。

姓名 _____ 出生年月日 _____

電話 _____ E-mail _____

通訊地址 _____

臉書帳號 _____

部落格名稱 _____

1 年齡
☐ 18 歲以下　　☐ 19 歲～ 25 歲　　☐ 26 歲～ 35 歲　　☐ 36 歲～ 45 歲　　☐ 46 歲～ 55 歲
☐ 56 歲～ 65 歲　☐ 66 歲～ 75 歲　☐ 76 歲～ 85 歲　☐ 86 歲以上

2 職業
☐軍公教 ☐工 ☐商 ☐自由業 ☐服務業 ☐農林漁牧業 ☐家管 ☐學生
☐其他 _____

3 您從何處購得本書？
☐博客來　☐金石堂網書　☐讀冊　☐誠品網書　☐其他 _____
☐實體書店 _____

4 您從何處得知本書？
☐博客來　☐金石堂網書　☐讀冊　☐誠品網書　☐其他 _____
☐實體書店 _____ ☐ FB（三友圖書 - 微胖男女編輯社）
☐三友圖書電子報　☐好好刊（雙月刊）　☐朋友推薦　☐廣播媒體 _____

5 您購買本書的因素有哪些？（可複選）
☐作者 ☐內容 ☐圖片 ☐版面編排 ☐其他 _____

6 您覺得本書的封面設計如何？
☐非常滿意 ☐滿意 ☐普通 ☐很差 ☐其他 _____

7 非常感謝您購買此書，您還對哪些主題有興趣？（可複選）
☐中西食譜 ☐點心烘焙 ☐飲品類 ☐旅遊　☐養生保健　☐瘦身美妝 ☐手作 ☐寵物
☐商業理財 ☐心靈療癒 ☐小説　☐其他 _____

8 您每個月的購書預算為多少金額？
☐ 1,000 元以下　　☐ 1,001 ～ 2,000 元☐ 2,001 ～ 3,000 元☐ 3,001 ～ 4,000 元
☐ 4,001 ～ 5,000 元☐ 5,001 元以上

9 若出版的書籍搭配贈品活動，您比較喜歡哪一類型的贈品？（可選 2 種）
☐食品調味類　　☐鍋具類 ☐家電用品類　　☐書籍類 ☐生活用品類　　☐ DIY 手作類
☐交通票券類　　☐展演活動票券類 ☐其他 _____

10 您認為本書尚需改進之處？以及對我們的意見？
_____

感謝您的填寫，

您寶貴的建議是我們進步的動力！